A. E. BRINCKMANN
DEUTSCHE STADTBAUKUNST

A. E. BRINCKMANN

DEUTSCHE STADTBAUKUNST IN DER VERGANGENHEIT

Reprint
der zweiten, erweiterten Auflage von 1921
mit 136 Abbildungen
und 8 Tafeln

Eingeleitet von
WERNER OECHSLIN

Friedr. Vieweg & Sohn   Braunschweig/Wiesbaden

Reprint der 2., erweiterten Auflage von 1921
Alle Rechte vorbehalten
© Friedr. Vieweg & Sohn Verlagsgesellschaft mbH, Braunschweig 1985

ISBN 978-3-528-08716-6   ISBN 978-3-322-84091-2 (eBook)
DOI 10.1007/978-3-322-84091-2

Einleitung

Man wird in der deutschen Kunstgeschichte vor und nach
Albert Erich Brinckmann (1881–1958) vergebens nach einer
Persönlichkeit Ausschau halten, die mit vergleichbarer Über-
zeugungskraft und mit vergleichbarem Erfolg Architektur
und Städtebau als einschlägige Themen dieser Disziplin propa-
giert hat und die darüber hinaus mit Entschiedenheit den Zusammenhang von Geschichte und erlebter Wirklichkeit als
notwendige Voraussetzung einer entsprechenden Tätigkeit
immer wieder postulierte.

Aus heutiger Sicht klingt dies wie das Eingeständnis eines
Mangels. Schon die Generation nach Brinckmann hatte nicht
nur den politisch bedingten kulturellen Einbruch Deutsch-
lands, sondern auch jene teils vorausgegangene Zäsur zu ver-
dauen, die die ‚Moderne‘ selbst betrieb, um sich im gewünsch-
ten Maße Gehör zu verschaffen. Giedions Abwendung von
der ‚klassischen‘ Kunstgeschichte – auch er war, wie Brinckmann, ein Wölfflin-Schüler – ist insofern symptomatisch. Seine Vermittlungsversuche hielten das Interesse des Architekten
an der Architekturgeschichte unter veränderten Prämissen le-
bendig, doch manchem angestammten deutschen Kollegen der
Kunstgeschichte galten sie als unstatthaft oder blieben fremd.
Stattdessen hat die deutsche Kunstgeschichte der Nachkriegs-
zeit mit Blick auf Vollständigkeit, jedoch meist ohne Fühlung
zu aktuellen Problemen der Architektur das 19. Jahrhundert
(wie es so schön heißt) ‚aufgearbeitet‘ und damit den historischen ‚Anschluß‘ auf ihre Weise geschafft. Gantners bedeutende Bemühungen um den Kontakt mit der modernen Architektur waren mittlerweile ebenso vergessen wie Emil Kaufmann,
dessen Wege sich verloren und auf den man sich nur gerade
wegen der Brisanz der sogenannten Revolutionsarchitektur
zuweilen besann. Diese gab wieder erneut Anlaß zu mehr oder
minder überzeugenden Versuchen der Vermittlung von Ge-

schichte und Aktualität. Doch mit der Selbstverständlichkeit im Umgang mit diesem Problem war es dahin.

Dieser geraffte, und zugegebenermaßen tendenziöse Rückblick müßte die Nützlichkeit einer Auseinandersetzung mit Brinckmanns Werk hinlänglich unter Beweis stellen. Er selbst hatte die angedeuteten Veränderungen im Selbstverständnis der Kunstgeschichte beobachtet und kommentiert. In seinem 1938 publizierten *Geist der Nationen* hebt er mit der Klage über die Kunstgeschichte und ihre „prekäre Lage" an, wendet sich gegen „fachwissenschaftliche Spezialisierung" und mittelmäßigen „Handwerksbetrieb". Man wolle „Brot" statt „Geröll", läßt er sich vernehmen. Im Rückblick spricht er von seinem eigenen Bemühen um „wissenschaftliche europäische Synthese". Schon mit seiner Arbeit *Platz und Monument* hätte er 1908 versucht, das Problem der Stadtbaukunst europäisch zu sehen. 1938 sind dies vorangestellte Klärungen, die den thematischen Vorwurf seiner Arbeit ins richtige Licht setzen sollten – zu einer Zeit, da dies keineswegs selbstverständlich war. Brinckmanns erstes Kapitel gilt dem „Einzigen Europa". Die damals durchaus riskante Fragestellung entschärft er im voraus mit Zitaten nach Duhamel und Tennyson: Man müsse die Unterschiede kennenlernen, um sie zu überwinden, und der sei der wahre Kosmopolit, der sein Land am meisten liebe. Hinter dieser Argumentation verbirgt sich aber mehr als zeitgebundene Reaktion. Sie entspricht Brinckmanns allgegenwärtigen Bemühungen um eine europäisch verbindende Kunstgeschichte. Der Blick aufs Ganze – die „Ganzheit", wie ein ehemals häufig bemühter Begriff lautet – war ihm angelegen.

Nach dem Krieg hat Brinckmann nochmals kunstgeschichtliche Betrachtungen unter dem Titel „Europäische Humanitas" zusammengefaßt, ihnen aber einleitende Gedanken mit der vorsichtigeren Überschrift „Problematik des Europäischen" vorausgeschickt (1950). Noch glaubt er an die Kraft der Kunst, „Leitbilder unserer moralischen Phantasie" herzustellen. Er vergleicht sie diesbezüglich mit der Religion. Doch fragt er sich wenig später, „ob überhaupt die europäische Humanitas, selbst wenn wir sie in Bildern als gestaltende Kraft verspüren, begrifflich faßbar" sei. Er fühlt sich an eine „Unbestimmtheitsrelation" – mit Verweis auf Heisenberg – gemahnt. Husserl bemühend, zieht er sich auf die kunstgeschichtlichen „Anschauungsbegriffe" und ihre eingestandenermaßen begrenzten Möglichkeiten der Klärung und Vermittlung zurück.

So gesehen liest sich die Überschrift der Grußadresse, „Bekenner des europäischen Humanitätsideals", die Hans Maria Wingler 1951 dem damals Siebzigjährigen übersandte, mit deutlichem Akzent auf dem Bekennertum. Und die Frage bleibt offen, wie sehr Brinckmann nicht selbst von einer längst veränderten Situation (der Kunstgeschichte) eingeholt worden war, der die Frage nach dem Lebenszusammenhang – dem „Lebenssinn", wie Brinckmann sich äußerte – nicht mehr wichtig sein wollte und konnte. Jedenfalls hat er auch noch 1950, ganz im Gegensatz zu manchem Berufskollegen – Brinckmann spricht ausdrücklich von den „jüngsten reaktionären Äußerungen absprechender Kritik moderner Kunst" –, die „positiven Elemente" des Neuen und Neuesten gesucht. Sybillinisch schließt er: „Wegbereiter europäischer Humanitas – das heißt nicht: Restaurieren, Wiederholen, Retrospektive; wohl aber heißt es: werdendem Neuen die gewordenen Werte nicht unwert werden lassen."

Diese Feststellung bleibt aktuell. Sie ist es heute in ganz besonderem Maße. Sie betrifft die Problematik der „Postmoderne". Und sie berührt das Berufsbild des Kunsthistorikers mit seiner allzuhäufigen Fixiertheit auf die Ausschließlichkeit von Alt und Neu, von Denkmalpflege und (neuer) Architektur ganz erheblich. In Brinckmanns Schriften sind dagegen Ausgleich und gegenseitige Öffnung stets wiederholte Forderungen. Sie bilden gleichsam den roten Faden in seinen Bemühun-

gen, mag der Begriff des europäischen Humanitätsideals – mit
dem er diese Einstellung umschrieb – durch die äußeren historischen Umstände und durch wiederholten Mißbrauch
noch so sehr entrückt erscheinen.

Die zuletzt vorsichtig, vielleicht auch mit einem Hauch von
Resignation vorgebrachten Postulate kennzeichnen Brinckmanns wissenschaftliches und publizistisches Werk von Anbeginn. Die damals hochaktuelle städtebauliche Frage, die
Brinckmann begeisterte und offensichtlich in Bann zog, mag
ihn unvermittelt auf die Problematik dauernd sich verändernder Aktualität hingewiesen haben. Doch kehren wir zu den
Anfängen, den äußeren Umständen und Ereignissen zurück,
die ihn zu einer intensiven Auseinandersetzung mit Städtebau
und deren Geschichte insbesondere in den Jahren 1908–1920
(aber auch noch danach) führten.

Nach Studien in München und Berlin promovierte der Vierundzwanzigjährige Ende 1905. Seine Dissertation galt den
Baumstilisierungen in der mittelalterlichen Malerei. Doch schon
1908 erscheint seine erste bedeutende Publikation unter ganz
anderen Vorzeichen: *Platz und Monument. Untersuchungen
zur Geschichte und Ästhetik der Stadtbaukunst in neuerer Zeit.*
Das Werk fand Beachtung, wurde von Stübben und August
Grisebach besprochen und ermöglichte ihm 1910 die Habilitation an der TH Aachen, wo er schon im Jahr zuvor als Assistent tätig war. Damit war die Ausrichtung auf städtebauliche
Fragen für die folgende Zeit begründet und gewährleistet. Zeitungsartikel – meist in Zusammenhang mit Vorträgen – zeugen nach 1908 von einer intensiven Auseinandersetzung mit
dem neuerschlossenen Themenbereich: *Die Stadt als Kunstwerk, Die Stadt als baulicher Organismus, Krumme und gerade
Straßen, Plätze und Straßen, Plätze ohne Platz, Die einheitliche
Blockfassade, Gleichgewicht und Symmetrie im Städtebau, Ordnung und Monumentalität in der Stadtbaukunst, Beziehungen al-*

ter und neuer Stadtbaukunst, Moderne Bestrebungen im Städtebau, Die Stadt der Zukunft sind Themen, zu denen sich Brinckmann 1908 – 1912 öffentlich äußerte.

1910 gab ihm die „Allgemeine Städtebau-Ausstellung Berlin", das zweifellos überragende derartige Ereignis in jener Zeit, die Möglichkeit vermehrter Kontakte und zudem die Gelegenheit konkreter Teilnahme. Brinckmann mußte sich dadurch in der Ausrichtung seiner Interessen und Tätigkeiten bestätigt fühlen, auch wenn er vorerst nur am Rande mit einer Zusammenstellung deutscher Städtebilder „geordnet nach künstlerischen Motiven" (wie er selber im „Cicerone" in einer Besprechung der Ausstellung festhält) zum Unternehmen beiträgt. Doch der Anreiz war gegeben, ein Buch folgen zu lassen, so wie ja auch Hegemann die Ausstellung in der Folge wissenschaftlich und publizistisch auswertete. Das Resultat jener Bemühung war die als Quellenwerk heute überaus wichtige zweibändige Publikation *Der Städtebau nach den Ergebnissen der allgemeinen Städtebauaustellung in Berlin* (1911, 1913), die weithin ein Signal für die Bedeutung und Aktualität der städtebaulichen Frage setzte. Bereits 1911 erschien nun auch Brinckmanns *Deutsche Stadtbaukunst in der Vergangenheit*, das sich das vorzügliche, 1910 in Berlin im Rahmen der Städtebau-Ausstellung gezeigte Bildmaterial zunutze machte.

Damit waren im richtigen Moment – von kunsthistorischer Seite – zwei wichtige Akzente zur Städtebaugeschichte gesetzt. 1912 erschien die zweite Auflage von *Platz und Monument*, 1914 unter dem Titel *Stadtbaukunst des 18. Jahrhunderts* die Zusammenfassung zweier an der TH Berlin gehaltener Vorträge. All dies bildete die günstige Voraussetzung dafür, daß Brinckmanns *Baukunst des 17. und 18. Jahrhunderts in den romanischen Ländern* als einer der wichtigsten Bände des *Handbuchs der Kunstwissenschaft* – auch dem Kunsthistoriker – die Augen für städtebauliche Fragen öffnete. 1920 ließ Brinckmann – mittlerweile selbst Herausgeber des *Handbuchs der Kunstwissenschaft* – den Ergänzungsband *Stadtbaukunst* nachfolgen, dem in der deutschen Kunstgeschichtsliteratur seither nichts Vergleichbares an die Seite gestellt wurde. 1921 erschien schließlich die zweite Ausgabe von *Deutsche Stadtbaukunst in der Vergangenheit.*

Mittlerweile hatte sich das äußere Leben Brinckmanns verändert. 1912 ging er als außerordentlicher Professor an die TH Karlsruhe, was ihm die schwerpunktmäßige Beschäftigung mit städtebaulichen Fragen vorerst weiterhin ermöglichte. 1913 wurde er als Ehrenmitglied des Londoner „Town Planning Institute" geehrt. 1914 trat er in praktischer Tätigkeit mit einem Bebauungsplan für Cöthen in Anhalt hervor, den er 1920 in die *Stadtbaukunst* aufnahm. 1919 wechselte er an das neu gegründete kunsthistorische Institut in Rostock. Damit und vollends mit seiner Berufung als Ordinarius für Kunstgeschichte in Köln im Jahre 1921 war seine bisher so ‚einseitige' Ausrichtung auf Städtebaugeschichte in Frage gestellt, die Rückkehr zu konventionelleren kunsthistorischen Themen gefordert. Gleichzeitig fand die Vielzahl der Städtebau betreffenden Publikationen und Vorträge mehr oder minder ihren Abschluß.

Der städtebauliche ‚Exkurs' von 1908 – 1920 bedarf um so mehr einiger zusätzlicher Beobachtungen. *Platz und Monument* war 1908 Brinckmanns Lehrer, Heinrich Wölfflin, gewidmet. Man sieht dem Buch auch die dort erlernte kunstgeschichtliche Methode an. Brinckmann benützt den Vorteil der typisierenden Stilbegriffe und ihrer prägnanten Charakterisierungen. Seine Darstellung folgt den Unterscheidungsmerkmalen von Mittelalter, Renaissance, Barock und endet – vorerst – im 18. Jahrhundert. Von der „geschlossenen ruhigen Schönheit der Renaissanceanlagen" und dem „Bewegungseindruck des Raumes" im Barock ist die Rede. Doch schon das Vorwort läßt aufhorchen: Das Buch wende sich einem Gebiet zu, „das

X

von der kunsthistorischen und ästhetischen Betrachtung wenig beachtet ist". Sich einmal dieser Neuigkeit bewußt, fragt Brinckmann nach den möglichen Konsequenzen: „Nichts wäre leichter gewesen, nun bestimmte Rezepte zu schreiben, ein Vorlagewerk für Stadtbaukunst zusammenzustellen. Doch die Historie hat keine Berechtigung, dem Lebendigen für seine formale Äußerung Vorschriften zu machen, sie kann nur auf die Fülle der Möglichkeiten und ihre Gesetzmäßigkeit hinweisen, die Schaffenskraft anregen, das Urteil erziehen. Dann wird das große Verlangen vielleicht eine neue bedeutende Stadtbaukunst schaffen."

Auf selbstverständlichste Weise bezieht Brinckmann die Frage nach dem Problem zeitgenössischer Stadtbaukunst in seine historische Analyse ein. Er zieht sofort die Grenzen, nimmt Abstand von der billigen, rezeptgebenden Lösung und fordert stattdessen vertiefte Auseinandersetzung. Dieses Interesse bleibt keineswegs auf das Vorwort beschränkt. Die Behandlung deutscher Stadtbaukunst im abschließenden siebten Kapitel gibt ihm die Möglichkeit, über den konventionellen zeitlichen Rahmen hinauszugreifen. Entsprechend damals vorherrschender Vorurteile wird zwar das 19. Jahrhundert unter dem Stichwort „Niedergang" behandelt, werden die klassizistischen Veränderungen Münchens kritisiert und als vom „erkältenden Hauch des Schematismus" befangen erklärt. Doch dies hindert Brinckmann nicht daran, die Darstellung bis zu den „Modernen Bestrebungen im Städtebau" weiterzuführen.

Eine Reaktion mußte einsetzen, „die sich gegen den gesinnungslosen Schematismus auflehnte"; so beginnt er den letzten Abschnitt dieses Kapitels. Damit zitiert er Camillo Sitte – und befindet sich unversehens inmitten der zeitgenössischen Problematik und Polemik. Aus heutiger Sicht interessieren diese Äußerungen in besonderem Maße. Sie zeigen Brinckmanns ersten Stellungsbezug in einer damals aktuellen Frage und lassen uns seine Kritik an Sitte, „die bis jetzt ausblieb", erfahren. Natürlich gesteht er ihm das Verdienst zu, erstmals darauf hingewiesen zu haben, „daß der Städtebau künstlerische Tätigkeit ist". Als Kunsthistoriker stand er dieser Auffassung nicht allzu fern. Sie wurde damals auch allgemein geteilt. Doch die erste divergierende Ansicht führt auch gleich zu Polemik. Für Brinckmann ist Sitte wegen dessen allzu einseitiger Bevorzugung der mittelalterlichen Stadt „Romantiker". Er wehrt sich gegen die Evozierung „malerischer Bildwirkung", die Sitte mit dem asymmetrischen Prinzip der Gruppierung beschwöre. Unregelmäßigkeiten seien nicht durch städtebauliche Planung erzeugt worden, sondern entsprächen natürlicherweise der gewachsenen mittelalterlichen Stadt. Sie zum Prinzip zu erheben, sei deshalb verfehlt. Doch wären, dem zu Trotz, in jüngster Zeit Stadtpläne entstanden, die selbst auf ebenem Terrain nur gekrümmte Straßen zeigten: ein für Brinckmann „irriges Extrem, ein neuer Schematismus".

Die nachfolgenden Bemerkungen lassen erkennen, wo umgekehrt Brinckmanns Präferenzen liegen: „Die gerade Linie und der rechte Winkel bleiben die vornehmsten Elemente der Architektur, und auch die gerade breite Straße wie der regelmäßige Architekturplatz werden ihren Wert im Städtebau behalten." In seiner Polemik gegen Sitte findet er in Stübben einen Verbündeten. Mit der Ablehnung der gekrümmten Straße geht die Bevorzugung städtebaulicher Prinzipien einher, wie sie das französische 18. Jahrhundert verwendet hat. Darin nähert sich Brinckmann den Ansichten Hegemanns, der sich in seinem Bericht zur Berliner „Allgemeinen Städtebau-Ausstellung" gegen den Vorwurf wehren mußte, er überschätze die Leistungen des „absolutistischen Städtebaus".

Doch mit dem Kampf gegen das Malerische und gegen die verwinkelte mittelalterliche Stadt ist Brinckmanns Kritik an Sitte nicht erschöpft. Sie zielt auf Grundsätzlicheres. Beeinflußt von Sitte, gehe der heutige Städtebau von zwei Maximen aus. Die erste, wonach „jede Stadt ihrer Terrainsituation nach eine Individualität" sei, läßt Brinckmann mit dem Hinweis gelten, es handle sich dabei um eine seit Alberti bekannte und stets berücksichtigte konkrete Bedingung. Die zweite Maxime, die in demselben Maße Anerkennung finde, beruhe auf der Überzeugung, „daß man von der Vergangenheit lernen könne". Dies führt Brinckmann zu einem seiner Grundgedanken zurück, den er schon im Vorwort ansprach und den er noch in den zitierten späten Schriften von 1938 und 1950 hervorhebt.

„Hier kommt alles auf die richtige Fragestellung an, um der Geschichte der Stadtbaukunst ihre künstlerischen Probleme abzuhören und aus der Art ihrer Bewältigung zu lernen. *Der Gewinn der Historie besteht in der Erkenntnis der Prinzipien künstlerischer Tätigkeit, die ein bedingungsloses «Neues in entwickelter Form schaffen!» der Gegenwart zuruft.*" Die Einsicht in Grundbedingungen künstlerischen Schaffens allein entscheidet über die Nützlichkeit von Geschichte. Keine Wiederholung, kein Kopieren, kein Schematismus! Umgekehrt vertragen sich losgelöste Prinzipien mit der Veränderung jeder neuen konkreten Situation. Brinckmann wiederholt den Gedanken häufig. Er belegt ihn mit Vorliebe mit Zitaten nach Laugier und Patte. Mit letzterem steht er auch folgerichtig für die Möglichkeit und Legitimität neuer städtebaulicher Leistungen ein. Die entsprechende Schlußbemerkung in der *Stadtbaukunst* (1920) trägt durchaus optimistische Züge.

Der einmal eingeschlagene Weg wird ihm auch später eine präzise Stellungnahme zu städtebaulichen Fragen erleichtern. Davon zeugen die Ausführungen, die er anläßlich eines Vortrages zur Jahresversammlung des Verbandes Deutscher Architekten- und Ingenieur-Vereine 1927 in Köln unter dem Titel *Der Architekt und die Historische Kunst* vortrug. „Von der lebendigen Gegenwart aus wollen wir urteilen", steht dabei als Prämisse, „nicht als Historiker, Archäologen oder Denkmalpfleger". „Wie ist die Situation der modernen Baukunst? Dann erst werden wir fragen können: Was bedeutet und was soll uns die historische Kunst bedeuten?" Die Stoßrichtung der Argumente wird später konkretisiert. Brinckmanns eigene Worte verdeutlichen das am besten: „Und so werden wir in den Leistungen der Vergangenheit *keine Sammlung von Vorbildern zu beliebigem Verwerten* sehen. Wir werden uns sogar vor jenen versteckten Beziehungen hüten, wie sie noch zwischen dem Messelschen Wertheimbau und dem Thorner Rathaus bestehen, wie sie die meisten Bauten eines Ludwig Hoffmann erkennen lassen. Wir wollen auch keine Tradition im Sinne der Schultze-Naumburg und Mebes. Leistungen der Vergangenheit sind für uns einzig *Disziplinen unserer künstlerischen Anschauung und Vorstellung, Erziehung für die Grundlagen unseres architektonischen Denkens, niemals aber gestaltete und ohne weiteres verwendbare Form.* Wir verstehen die Funktion der römischen Säule, des romanischen Pfeilers, aber römische Säulen und romanische Pfeiler sind uns keine sakrosankten Formen. Aus einer tiefern Erkenntnis des Historischen heraus überwinden wir und schaffen wir neu ..."

Man braucht nicht eigens darauf hinzuweisen, wie unvermindert aktuell diese Äußerungen sind. Seit *Platz und Monument* hatte sich Brinckmann diesbezüglich Klarheit verschafft und überzeugend Kunstgeschichte – und insbesondere Städtebaugeschichte – auf die Bedürfnisse seiner Zeit ausgerichtet. Durch die Fragestellung selbst mußte er auf die Dringlichkeit einer Beantwortung aufmerksam geworden sein. Und es fehlte nicht an äußeren Bekenntnissen zu dieser Herausforderung. War *Platz und Monument* seinem kunstgeschichtlichen Lehrer Wölfflin gewidmet, dem er nicht zuletzt die Fähigkeit im differenzierten Umgang mit verallgemeinernden Begriffen verdankt, so zeugt nun *Deutsche Stadtbaukunst in der Vergangenheit* trotz ihres in die Geschichte weisenden Titels von der erfolgten Zuwendung zur zeitgenössischen Architektur: „Otto March/Hermann Muthesius/Den Förderern unserer architektonischen Kultur" lautet nunmehr die Dedikation. Es konnte auch nicht ausbleiben, daß Brinckmann die Gelegenheit zu erneuter Bekräftigung seiner Position benützte. Unter den „Grundsätzen für die Betrachtung älterer Stadtbaukunst" faßt er seine Bedenken und Warnungen zusammen, wendet sich gegen den oberflächlichen, touristischen Zugang zur Stadt und verurteilt den schon im Zusammenhang mit Sitte angeprangerten Eklektizismus sowie die „bedingungslose Hingabe an das historische Vorbild". Zu den Gegenargumenten sind nun – den Erfahrungen und Einsichten der Berliner „Allgemeinen Städtebau-Ausstellung" von 1910 entsprechend – die Erwägungen „sozialer und wirtschaftlicher Notwendigkeiten" verstärkt hinzugetreten. Ein Satz wie der folgende wäre auch heute wiederum uneingeschränkt angebracht: „In Deutschland brachte die letzte Welle der künstlerischen Romantik eine Begeisterung für alte Städte und Stadtbilder; man entdeckte und untersuchte ihre Schönheiten und zog dann den Schluß, die neuen Erkenntnisse könnten mit leichten Änderungen für unsere Zeit verwertet werden. Und mehr Gewicht wurde auf das Verwerten wie auf das Ändern gelegt." Auf das „Festhalten von Motiven aus alten Städten" könne es also nicht ankommen. Brinckmann setzt dem einmal mehr – und dies entspräche der Absicht des Buches – die Ableitung „allgemeiner Formgesetze baukünstlerischen Gestaltens" entgegen. Soweit bewegt er sich in bester Wölfflinscher kunstgeschichtlicher Terminologie. Doch zeichnet ihn aus, daß er der Auseinandersetzung mit den aktuellen Aufgaben von Architektur und Kunst nicht aus dem Wege geht. Würde dieser Zugang zur Geschichte befolgt, er hätte keinerlei Bedenken gegenüber dem Fortgang der Architektur. „Einer so erzogenen architektonischen Ausdrucksfähigkeit wird es nicht schwer fallen, Neubauten in ältere Stadtteile einzufügen und doch die Besonderheiten dieser zu erhalten, ja den Charakter einer Situation weiter zu entwickeln in Anpassung an diese älteren Teile."

XV

Liest man heute Brinckmanns hier wieder zugänglich ge-
machtes Buch, so könnte man die Ernsthaftigkeit und Dringlichkeit, mit der der junge Autor die grundsätzliche Problematik der Auseinandersetzung mit Geschichte angeht, leicht
übersehen. Die einzelnen Kapitel stehen als geschlossene Dar-
stellungen der einschlägigen Themen, deren Berechtigung oh-
nehin plausibel erscheint: *Größenverhältnisse im Stadtbild,
Ausbildung des Baublocks, Rhythmus des Raumes, Straße und
Perspektive, Funktionen des Platzraumes, Die Stadt als einheitlicher Organismus.* Die verallgemeinernden Überschriften zeugen vom Bemühen um übergreifende Betrachtung, vom Blick
aufs Allgemeine und Grundsätzliche, die Ausführungen selbst
vom präzisen Umgang mit dem konkreten Objekt und darüber hinaus von der Fähigkeit zu korrekten Schlußfolgerun-
gen. Eingeschobene Warnungen und kritische Bemerkungen
finden sich häufig, so daß der Text selbst eine deutliche Distanz zu den – aus heutiger Sicht doppelt stark – evozieren-
den Bildern zur „verlorenen deutschen Stadt" immer wieder
herstellt. Nostalgische Erwartungen wird Brinckmann ent-
täuschen, dem heutigen Problemen gegenüber Aufgeschlosse-
nen bietet er grundsätzliche Überlegungen von unverminder-
ter Aktualität an.

Werner Oechslin

Literaturhinweis

A.E. Brinckmann, Platz und Monument. Untersuchungen zur Geschichte
    und Ästhetik der Stadtbaukunst in neuerer Zeit, Berlin 1908
–, Deutsche Stadtbaukunst in der Vergangenheit, Frankfurt 1911.
–, Stadtbaukunst. Geschichtliche Querschnitte und neuzeitliche Ziele, Ber-
    lin-Neubabelsberg 1920
–, Geist der Nationen. Italiener – Franzosen – Deutsche, Hamburg 1938
–, Europäische Humanitas. Dürer bis Goya, München 1950
A.E. Brinckmann, Verzeichnis der Schriften. Aufgestellt im Kunsthistori-
    schen Institut der Universität Köln, herausgegeben von Heinz Ladendorf
    und Hildegard Brinckmann, Köln 1961

XVI

Vorwort zur zweiten Auflage

Wenn ein Buch, das sich mit architektonischen Gestaltungsproblemen beschäftigt, in erneuter und bedeutend erweiterter Auflage erscheinen kann, so dürfte darin der Beweis liegen, daß die von ihm vertretenen Anschauungen Interesse erweckt haben, das über die Kreise der eigentlichen Architekten hinausgeführt hat. Der Versuchung, das Gebiet zu bereichern und jetzt die verschiedenartigen, inzwischen erschienenen Einzeluntersuchungen in den Text zu verarbeiten, habe ich widerstanden, da die Wirkung des Buchs auf der Formulierung der Grundbegriffe künstlerischer Stadtgestaltung beruht. Diese können nicht oft genug wiederholt werden; denn sie bilden den Ausgangspunkt geschichtlicher Unterfuchungen und gegenwärtigen Gestaltens.

Architekten scheinen im besonderen die Freunde der „Deutschen Stadtbaukunst in der Vergangenheit" geworden zu sein. Wenn ich der Neuauflage einen Wunsch mitgebe, so ist es der, daß nicht nur kunstfreudige Laien an ihm die Anleitung zum Genuß bei eigenen Fahrten schöpfen möchten, sondern daß auch der Kunsthistoriker sich diesen Problemen zuwenden möchte. Auf dreißig Jahre neuzeitlicher Stadtbauliteratur blicken wir jetzt zurück, — erstaunlich, daß sich davon kaum etwas in der wissenschaftlichen Arbeit bemerkbar macht, daß die großartigste Synthese des architektonischen Gestaltens von dem Historiker der neueren Kunstgeschichte kaum beachtet, aufrichtiger gesprochen, umgangen wird. —

Wir stehen vor einer Zeit der tiefsten Einkehr. Der hoffnungsvollen Entwicklung, die kurz vor dem Krieg bei uns eingesetzt hatte, ist plötzlich Halt geboten. Es könnte scheinen, als müßten wir zufrieden sein, die drängenden Forderungen der Wohnungsnot mit den allereinfachsten Mitteln zu befriedigen. Aber gerade da

bietet ja die hiſtoriſche Stadtbaukunſt Deutſchlands er-
mutigende Beiſpiele. Denn mit einfachſten Mitteln, oft
in drückender finanzieller Not ſind hier Anlagen entſtanden, die beweiſen, daß materieller Reichtum und
künſtleriſche Beſonnenheit unabhängig voneinander ſind.

So mag das, was das Buch bringt, über künſtleriſche
Erlebniſſe hinaus eine Ermutigung für unſer Land ſein,
dem tiefe Wunden ſtets neue Kräfte gegeben haben.

ROSTOCK i. M.   A. E. BRINCKMANN.

Grundfätze für die Betrachtung
älterer Stadtbaukunft

Solange die Bewunderung alter Städte über die Zeit der Reifemonate nicht hinausgeht, bleibt fie für die Entwicklung künftlerifcher Werte ohne Bedeutung. Die Intereffen und Empfindungen des heutigen Reifenden find bereits für einzelne architektonifche Gebilde nur oberflächliche; der gefchloffene Eindruck einer ganzen Stadt fpricht ihn darum kaum fo ftark an, daß er deutliche Worte, ganze Sätze hört. Zu klagen darüber ift müßig, feitdem unfere Architekten zu handeln begonnen haben. Es ift zu erwarten, daß mit der Entwicklung ihres Schaffens, mit dem Erftarken unferer jungen architektonifchen Kultur auch der Nichtkünftler den architektonifchen Geftaltungsvorgang richtig auffaffen lernt und im Fühlen von Raumwerten empfindfamer wird, um die Stadt nicht allein als eine Lebensnotwendigkeit und eine Gefchäftsform, fie ebenfo als künftlerifch wertvolles Gebilde betrachten zu können. Daß noch viel zu tun ift, beweift die nur langfam in weitere Kreife eindringende Erkenntnis von der Verwahrlofung des heutigen Stadtbildes.

Wefentlich andere Bedeutung für die Jetztzeit gewinnen jene Städte, wenn fie bewußt in den Gefichtskreis derjenigen Architekten gerückt werden, die im befonderen mit der Planung von Stadterweiterungen, dem Umbau älterer Stadtteile oder doch größeren baulichen Kompofitionen fich befaffen. Hier muß die Frage geftellt werden: „Wie weit kann kritifcher Eklektizismus jenen alten Schöpfungen gegenüber heutiges Schaffen fördern?" Man weiß zu gut, daß gegen den Ausgang des neunzehnten Jahrhunderts diefe Frage mit einer unmännlichen, bedingungslofen Hingabe an das hiftorifche Vorbild beantwortet wurde, um ihr nicht genügend Bedeutung zuzuerkennen. Allerdings ift für den modernen Stadt-

bau, der vor oder doch ſicher neben äſthetiſchen Erwägungen das Ergebnis ſozialer und wirtſchaftlicher Notwendigkeiten iſt, wo das Streben nach freieren, ge=
ſünderen Wohnverhältniſſen, die Ausgeſtaltung der Ver-
kehrs- und Transportmittel ein ganz neues Material zur
architektoniſchen Formung vorlegen, die Gefahr des Hiſtorizismus weniger groß. Trotzdem wird ſie in einer Zeit
ohne künſtleriſche Tradition immer vorhanden ſein, und
es könnte an neueren Partien mancher Stadt, die als
vornehmere Wohnviertel freier beſonderen Intentionen
zu folgen vermögen, gezeigt werden, daß dieſer Hiſtorizismus auch in der Stadtbaukunſt Niederſchlag gebildet hat.

In mehr oder weniger allgemeinen Äußerungen wird
heute der moderne Stadtbau mit dem hiſtoriſchen in
einen teilweiſe unbilligen Vergleich geſetzt. In Deutſchland brachte die letzte Welle der künſtleriſchen Romantik
eine Begeiſterung für alte Städte und Stadtbilder. Man
entdeckte und unterſuchte ihre Schönheiten und zog dann
den Schluß, die neuen Erkenntniſſe könnten mit leichten
Änderungen für unſere Zeit verwertet werden. Und mehr
Gewicht wurde auf das Verwerten wie auf das Ändern
gelegt. Dieſer Schluß iſt ſo wenig einwandfrei wie alle
anderen in Entdeckerfreude und Begeiſterung gefaßten.
Denn weiſt man auf den hiſtoriſchen Stadtbau als vorbildlich hin, ſo hat man ſich vor allem Rechenſchaft
darüber zu geben, wie weit jener dies ſein kann, ſein
darf. Sagt man, „in gleichem Geiſte wie er, aber unter
Berückſichtigung aller modernen Kulturfaktoren ſollen
wir unſere Plätze bilden, unſere Straßen geſtalten“, ſo iſt
dies eine verworrene Vorſchrift, denn den Geiſt der Kunſt
machen Kulturfaktoren einer Zeit aus. Bliebe das Studium
der Form. Aber gerade mit ihm erſchien die Gefahr des
Hiſtorizismus. Es iſt ein Unding, mit einigen Rezepten
auf die Dauer helfen zu wollen, wo alles darauf an-

2

kommt, daß ein Riefenorganismus fich durch und durch
belebt. Das Hinweifen auf einige Vorbilder und Motive
führt zu einer dekorativen Stadtbaukunft — man denke
an jene im Wettbewerb Groß-Berlin 1910, Groß-Düffel-
dorf 1912 bis zum Überdruß auftretenden Kolonnaden und
Arkadengänge — und ift noch verfänglicher als beim Bau
des einzelnen Haufes. Solche Motive ftellen fich als umfaffendere und in fich einheitliche Kompofitionen dar, die
aber um fo ftärker mit der Gefamterfcheinung modernen
ftädtifchen Lebens kontraftieren. Denn jedes Sammeln
und Wiederbenutzen des Motivs ift ohne Verftändnis für
langfames und bedingtes Gewordenfein der fpeziellen
Form. Man kommt nicht vom Einzelnen zum Ganzen,
fondern der künftlerifche Geftaltungsprozeß macht, wenn
er ftileinheitlich wirkt, den entgegengefetzten Weg. Eine
neue Grundgefinnung ift Führerin zu neuen Einzelwerten
einer neuen Zeit. Durch Zufammenfügen von nach-
geahmten Einzelheiten entfteht nie und nimmer ein Ge-
famtorganismus.

Auf das Fefthalten von Motiven aus alten Städten
kann es alfo nicht ankommen, wohl aber können — und
damit ift die Abficht diefes Buches angegeben — allgemeine Formgefetze baukünftlerifchen Geftaltens in einer
oft verblüffenden Deutlichkeit abgeleitet werden. Bei
einer folchen Betrachtung im großen zur Läuterung heutigen Schaffens und bei dem Willen, nie das Motiv zu
kopieren, kommt es nicht mehr darauf an, welche praktifchen Abfichten die früheren Architekten verfolgten,
deren Erkenntnis für die richtige Auffaffung des einzelnen
Motivs notwendig wäre. Wir fragen jetzt, welche Er-
fcheinungen in einer Gefamtfituation find für die befondere Wirkung zu bewerten, und welche Ausdrucks-
formen haben fie in der architektonifchen Darftellung?
Welche Kräfte arbeiten zufammen, welche heben einander
auf, wie ändert fich bei geringer oder ftärkerer Ver-

3

ſchiebung der Wirkungsfaktoren das ganze Wirkungsreſultat? Wichtig dafür iſt einzig die eindringende Analyſe
uns inſtinktiv zuſagender, daß heißt unſerem eignen Ausdrucksbedürfnis entſprechender Situationen, die Klärung
der uns eignen Äußerungsfähigkeit am Objekt. Neue
gültige Geſetze gibt immer nur die perſönliche, ſubjektive
Beobachtungsart dieſem gegenüber. Es wird dann nicht
ſchwer fallen, einen klaren Vorſtellungsbeſitz von baulichen
Wirkungen, einen geläuterten Inſtinkt in eigner Schöpfung
zum Ausdruck zu bringen. Das Verſtändnis für die
architektoniſche Ausdrucksform wird durch eine ſolche
Betrachtungsweiſe auch in dem nur rezeptiv ſich verhaltenden Nichtkünſtler geweckt; er vermag das Erlebnis
des architektoniſchen Schaffens nachzufühlen. Dies Nachfühlenkönnen aber iſt die Grundbedingung für eine architektoniſche Kultur, an der das Volk in ſeiner Geſamtheit
teilnehmen muß. Dieſe wird es dann möglich machen,
in der architektoniſchen Form den Charakter unſerer geſamten Kultur, Geſinnungen und Beſtrebungen der Bürger
darzuſtellen, die ſpezielle Form für einen neuen Geiſt
ſelbſtändig zu geſtalten. Gewaltig erregt iſt dieſer Geiſt,
politiſch wie künſtleriſch, aber erregt nur, weil er nach
neuer, ihm eigener Form verlangt, ohne ſie bisher zulänglich gefunden zu haben.

Einer ſo erzogenen architektoniſchen Ausdrucksfähigkeit wird es nicht ſchwer fallen, Neubauten in ältere Stadtteile einzufügen und doch die Beſonderheiten dieſer zu
erhalten, ja den Charakter einer Situation weiter zu
entwickeln in Anpaſſung an dieſe älteren Teile. Der
Wert der Individualität einer Stadt kann kaum hoch genug
geſchätzt werden. Die Erhaltung dieſer Individualität
verlangt allerdings noch mehr, als die beſtehende Form
einzig in ihrem objektiv künſtleriſchen Gehalt zu erfaſſen,
verlangt, ſie als eine den beſonderen Lebensenergien
der einzelnen Stadt entſpringende, ſubjektive zu begreifen.

Ein folches zweifaches Verftändnis für die Form wird verhindern, daß ahnungslos Dinge vernichtet werden, die ein Spiel des Zufalls zu fein fcheinen, vielleicht es auch find, die aber Bedeutung für die Gefamtwirkung und den Zufammenhang einer architektonifchen Situation haben. Ein folches Verftändnis wird aber auch verhindern, daß in einer zu weit getriebenen Begeifterung für Denkmalpflege architektonifches Theater aufgeführt wird, deffen Kuliffen fchon nach wenig Jahren abgeblaßt und fadenfcheinig wirken. Man kann Pietät vor dem Alten fehr wohl mit Eigenart verbinden.

Die Auffaffung der Form als einer aus den eigentümlichen Verhältniffen einer Stadt entftandenen ift für diefe Unterfuchung die nebenfächliche; mit ihr hätte fich eine allgemeine Gefchichte des deutfchen Stadtbaues zu befchäftigen. Der Wunfch des Verfaffers ift, eine Anzahl von Anfichten und Planzeichnungen auf ihre architektonifche Ausdrucksform hin zu analyfieren und, ohne beftimmte Gefetze aufzuftellen, auf die Gefetzmäßigkeit der künftlerifchen Ausdrucksform im Bau der Städte hinzuweifen.

Plaſtiſche Größenverhältniſſe
im Stadtbild

Der Satz, daß jeder Größeneindruck eine Verhältnis-
wirkung iſt, hat für den Stadtbau ganz beſondere
Bedeutung. Die genauere Betrachtung des Bildein-
drucks einer Situation beginnt mit der Erfaſſung von Einzelheiten. Vermag das Auge dieſe in ihrer Ausmeſſung auf-
zunehmen, ſo gewinnt es damit einen Maßſtab, der durch
Übertragung in der Bildfläche zur Abſchätzung größerer
Gebilde, ganzer Gruppen dient. Die Wirkung einer um-
faſſenderen Situation erſchöpft ſich nun nicht in ihrem
Flächenbild; dieſes Flächenbild faßt in ſich Anregungen
zu einer Vorſtellung des Raumes nach der Tiefe hin von
verſchiedener Deutlichkeit. Der Geſamteindruck entwickelt
ſich hier aus einer großen Anzahl einzelner Teile hintereinander mit verſchieden ſtarker Betonung, ſo einen
Bühnenraum bauend, und ſehr häufig iſt das Fernliegende
für dieſen Eindruck wertvoller als die vorderen Partien.
Es iſt dann notwendig, die durch die Perſpektive ein-
tretende Verkleinerung zu überwinden und mit der Einführung eines Vorder- und Hintergrund vereinigenden
Maßſtabverhältniſſes die wirkliche Größe des Fernliegen-
den klarzumachen.

Die Schönheit der Situation am Schäfflersmarkt von
Nördlingen (Abb. 1) beruht einzig in ihren köſtlichen
Relationen. Wodurch werten ſich hier die Größenverhältniſſe des Flächenbildes um in Größenverhältniſſe der
Tiefe, des Raumes? Die Fenſter der Häuſer ſind von faſt
einheitlicher Ausmeſſung, der Maßſtab im Vordergrund
iſt ſo der gleiche wie im Mittelgrund, das dreigeſchoſſige
Haus wächſt in ſeinem Größeneindruck über die vorderen
zweigeſchoſſigen. Dann iſt das Deckungsmaterial der
Dächer, die alle eine annähernd gleiche Winkelneigung
haben, ein einheitliches. So vermag das Auge nach dem

6

1. Nördlingen — Schäfflersmarkt mit Georgs-Kirche

immer feiner werdenden Liniennetz diefer Dachflächen
ihre Entfernung abzuſchätzen und damit auch ihre wirkliche Größe. Es läuft von kleinen Dachflächen in die Tiefe

über immer größere, bis es schließlich auf dem überragenden Dach der Georgskirche ausruht. Nichts aber ftellt fo ftark die Illufion des Raumes her wie die Wiederholung desfelben, dem Auge geläufigen Maßes in verfchiedenen Tiefen des architektonifchen Bildes: dies find Realitäten der architektonifchen Kompofition, die durch die unabhängigen atmofphärifchen Tiefenunterfchiede gefteigert werden. Man nimmt endlich die Baukörper der zwei- und vierachfigen, mit vielen Querbändern geteilten Häuschen auf und wird überwältigt von der Maffe des Turmes, der in ftrebenden Abfchnitten knapp gegliedert hochfteigt. Der Vergleich eines alten Planes von 1697, den das Nördlinger Stadtbauamt bewahrt (Abb. 2), mit dem gegenwärtigen (Faltplan V) zeigt, daß die Georgskirche früher auch an der Nordfeite verbaut war. Hier lag in Beziehung zum Rathaus und dem Tanz- und Brothaus die Trinkftube, nach einem Vogelfchaubild von 1651 zu fchließen ein Bau mit turmgefchmücktem Giebel, der 1469 an Stelle eines hölzernen maffiv aufgeführt worden war und erft 1820 abgebrochen wurde. Man erinnert fich bei diefer Situation an die beiden rechtwinklig aneinanderftoßenden Ulrichskirchen von A u g s - b u r g am Ende der Maximilianftraße, wo ebenfalls ein kleinerer, vorgelagerter Turmgiebel dem rückliegenden Turm als Größenmaßftab dient.

Die gleichmäßigen Proportionen der Giebel, beruhend auf den Traditionen des Zimmerhandwerks, das den Dachftuhl auffetzte, geben dem Stadtbild S ch w ä b i f ch - H a l l (Abb. 3) den plaftifchen Rhythmus, den moderne Städte mit ihren variabelften Dachformen verloren haben. Und neben diefen Wirkungen zieht die Einheit der Dachhaut das Stadtbild zufammen, fo erft gegenüber verfprengten Einzelheiten den künftlerifchen Begriff des einheitlichen Stadtbildes fchaffend (Abb. 4). Scharf pflegt fich ftets die alte Innenftadt von dem Schwarm der neueren

8

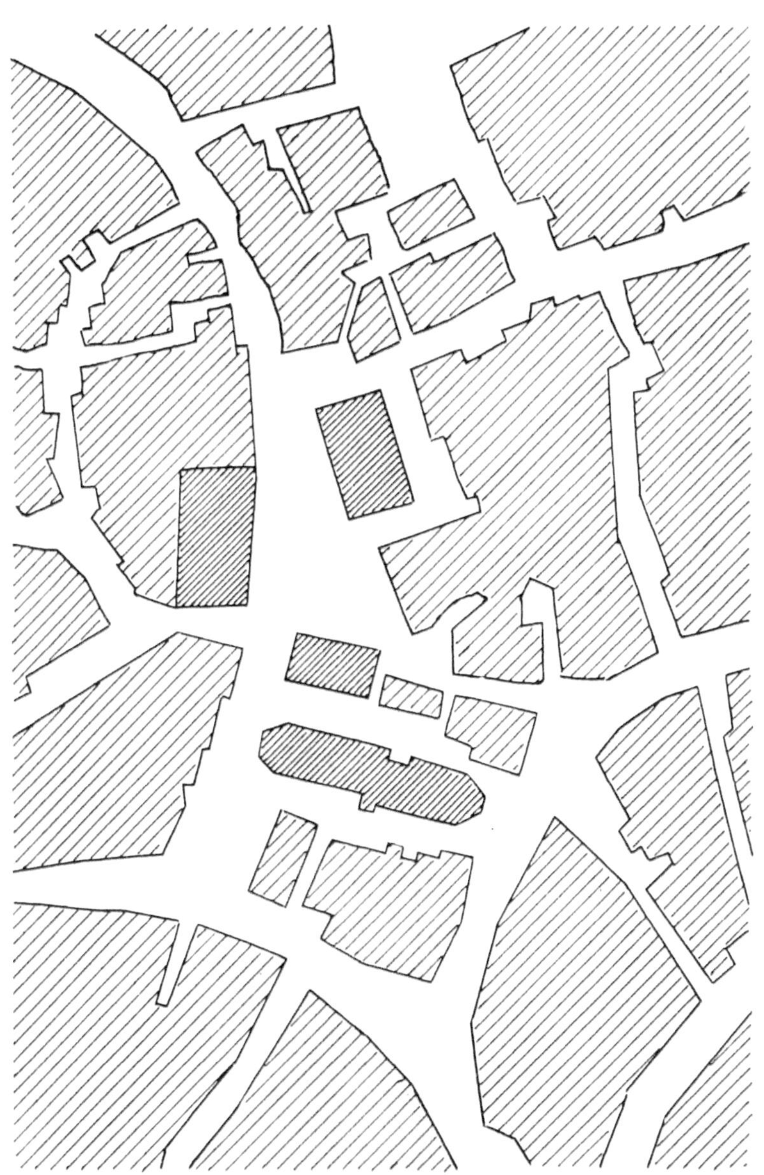

2. Nördlingen — Stadtmitte um 1697.

3. Schwäbisch-Hall

Bauten zu fondern. Die Häufergruppe um das Münfter in Freiburg i. B. mit gleichmäßiger Pfanneneindeckung gibt, von den umliegenden Bergen des Schwarzwaldes gefehen, nicht nur den Grund ab, von dem fich einer der fchönften gotifchen Kirchenbauten Deutfchlands kraftvoll erhebt, fie fchafft auch „die Stadt Freiburg", die für die Vorftellung ftets nur diefe Größe behalten wird, mit der die zerfplitterten Vorftädte fich nicht zu einer größeren Einheit verbinden wollen.

10

Solche Situationen dürfen nicht als das Ergebnis klarer
Rechnungen angefehen werden, die zur Realifierung ganz
beftimmter Abfichten fich die Mittel erfanden. Sie ver-
danken einer unbewußt wirkfamen Tradition ihre Ent-
ftehung, dem ficherften Gefühl für die fich wandelnde
zeitliche Form und ihre Konfequenzen im einzelnen. Auch
die Situation am Rothenburger Turm in Dinkelsbühl
(Abb. 5, Faltplan I) ift eine zufällige Vereinigung verfchie-
dener Bauftile. Ihr Wert als Vorbild liegt weniger in
einer konfequenten Tiefenentwicklung als zunächft in der
Flächen- und Silhouettenbildung. Das Verhältnis der
Häuschen mit rotbraunen, gradfirftigen Dächern zu dem
mit fteinernem Diadem gekrönten Turmmaffiv kommt
ganz zum Ausleben. Dort breite behäbige Ruhe, hier
ftraffes Stehen wie ein Schildpoften, fehr wortkarg und
trotzig. Wenn man aber wieder und wieder feftftellt,
wie gut das Neue zum Alten geordnet ift, wie es keine

11

Proportionen ſprengt, ſondern das Wichtige einer Situation heraushebt, ſo muß man bewundernd anerkennen,
wie die in jedem Architekturſtil liegenden Möglichkeiten
verſchieden für den beſonderen Fall genutzt wurden, um
in Unterordnung unter das Hauptſächliche für ſich ſelbſt
Lebensmöglichkeit aus dem architektoniſchen Zuſammenhang zu ziehen. Denn man wird bei kurzem Verweilen

12

6 Wittenberg — Marktplatz mit Rathaus und Stadtkirche

erleben, welche Bedeutung dem Kleinen für das Große
zukommt, wie der Torturm wächſt und wächſt, weil alles
andere beſcheiden hinter ihm zurückſteht.

Reichere Wechſelbeziehungen gibt der Marktplatz von
Wittenberg (Abb. 6). Das Motiv einer Größenſteigerung
von Privathaus, Rathaus und Kirche wird auf verſchiedene
Art verdeutlicht, in der Form der Fenſteröffnungen, in
der Ausbildung der Dächer: die Privathäuſer mit glattem
Satteldach oder einem Frontgiebel, das Rathaus ſeine
Dachfläche durch vier Giebel emportreibend, die Türme
ihren Abſchluß in die lebensvolle Linie der barocken
Helme ausgehen laſſend. Es treten hinzu die verſchiedenen
Richtungsbeziehungen, Flächen- und Silhouettenwirkungen,
der Maſſenkontraſt von Rathaus und Kirche als gelagertes
und aufrechtſtehendes Rechteck.

Gegenſätze räumlichen Volumens ſind in der Wirkung
von Größenverhältniſſen die ſtärkſten. Hier ſpricht nicht
nur die Fläche in einzelnen Zonen hintereinander, nicht
nur die gegen den Himmel ſich zeichnende Silhouette,
ſondern die volle Wucht der Baumaſſe. Das kriſtalliniſche
Gebilde des Metzer Domes ſteht, vom jenſeitigen Moſel-
ufer geſehen, durch Flächen- und Farbenwirkung in ein-
drücklichem Gegenſatz zu den Häuſern längs des Ufers.
Doch erſt der Vergleich der kubiſchen Verhältniſſe, dieſer
vielen kleinen weißen Würfel mit den entwickelteren,
abgeſtrebten Maſſen des Domes, gibt ſeiner Erſcheinung
die überragende Bedeutung; erſt auf dieſem von ſpäterer
Zeit geſchaffenen Grund gewinnt die kriſtalliniſche Maſſe
ihre Lebendigkeit und metaphyſiſche Beſeelung, während
die Häuſer des Bürgertums in erdenſchwerer Gebunden-
heit verharren (Abb. 7)

Es iſt notwendig, daß Architekt und Publikum auf-
hören, den einzelnen Bau als ein in ſich abgeſchloſſenes
Gebilde zu betrachten. Jeder Bau hat eine Verpflichtung
gegen ſeine Umgebung, gegen die geſamte Stadt, wie

14

der einzelne gegen feine Familie. Nicht das ift Hauptfache,
daß ein Gebäude an fich wirkungsvoll ift, fondern welche
Wirkung es in einer größeren architektonifchen Situation
abgibt. Es ift ein Irrtum, daß architektonifche Qualitäts-
arbeit nun auch ftets vorteilhaft an jedem Ort erfcheinen
würde. Das Entfcheidende ift, ob fie nach ihrer Einfügung in eine feftgelegte Straße, einen beftehenden
Plat mit ihrer Umgebung fich zufammenzufchließen vermag, Straße und Plat in ihrer Wirkung fteigert und für
fich felbft die notwendigen Lebensenergien aus diefem
Zufammenfchluß ziehen kann. An der Pfarrkirche von
Donauwörth ift nur der Turm hochgeführt, der in der
Blickrichtung der anfteigenden, fich zum langgeftreckten
Marktplat erweiternden Hauptftraße liegt. (Abb. 8 und 9.)
Deffen robufte Erfcheinung faßt hier auf dem Höhepunkt
das zackige, flimmernde Detailfpiel der Straßenwandungen

15

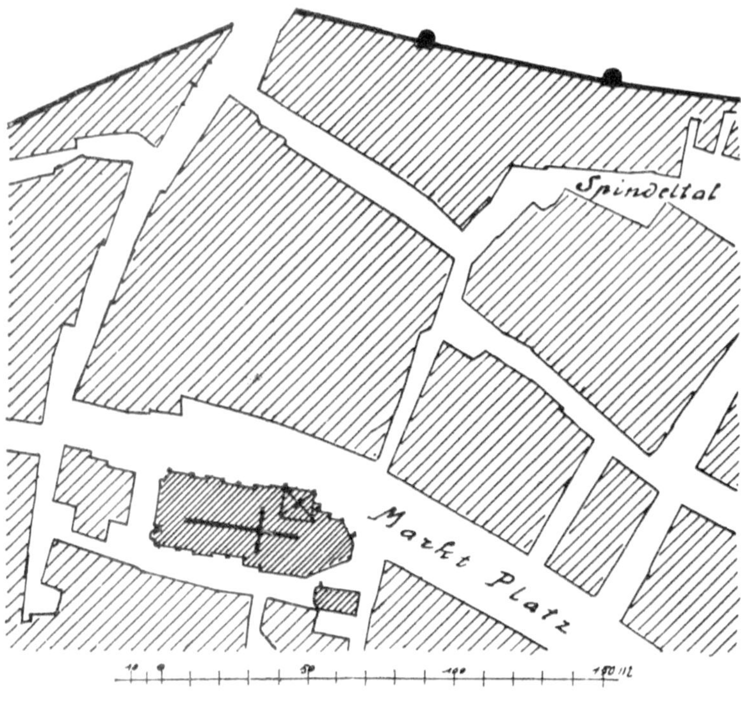

8. Donauwörth.

zufammen, diefer beruhigende Kontraft gibt dem ge-
famten Bild Einheitlichkeit. Ein zweiter Turm würde
die Wirknng beunruhigen, fie auseinanderziehen, aber
nicht verftärken. Für den Größeneindruck des Turmes
ift von Bedeutung, daß den Maßftab für ihn Häufer abgeben, die neben ihm zu ftehen fcheinen, in Wirklichkeit
aber hinter ihm liegen und fo noch kleiner wirken.
Unbewußt find hier die perfpektivifchen Wirkungen erreicht, die der italienifche Barock fpäter bewußt erzielt hat.

Die ganz regelmäßigen Stadtanlagen der Gotik in
den Gebieten öftlich der Elbe (vgl. Kapitel VII) zeigen
die Intentionen gotifcher Stadtbaukunft, wenn fie einen
großen Zufammenhang aus einem Guß geftaltete, ftatt

16

9. Donauwörth — Hauptſtraße mit Pfarrkirche

langſam eines zum anderen zu fügen. Das Stadtgebiet
iſt durch rechtwinkelig ſich kreuzende Straßen aufgeteilt,
ihre Mitte bildet der rechteckige Marktplatz. Der Back-
ſteinbau, unbeweglicher wie die Hauſteinarchitektur, würde
weniger gut andere Platzbildungen vertragen. Das Material
des Backſteins ſtimmt mit dieſen Raumformen überein,
ſtellt ſie ähnlich in den Häuſern, den ſchlichten großen
Räumen der Kirchen dar. Zum Teil praktiſche Abſichten,
wie die Schaffung eines Kirchhofs, doch ſicher auch das
Gefühl für die leichte Raumform des Marktes mit ſeinen
feinlinierten Giebelbauten rücken dieſe großen Backſtein-
klötze mit maſſigen Türmen vom Markt ab, um ihn nicht
zu erdrücken — ähnliche Anlagen aus gleicher Zeit in
Südfrankreich ſtellen die weit kleiner dimenſionierte Kirche
auf den gegen die Marktecke ſtoßenden Baublock —, und
ſteigern dabei wiederum durch Gruppierung wachſender
Größen ihre Wirkung (Abb. 10 und 11). Den faßbaren

17

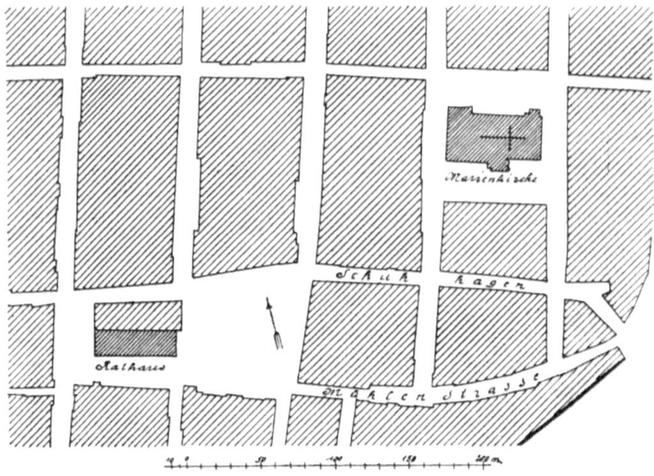

10. Greifswald

Maßſtab bilden hier die der Kirche vorgelagerten Häuschen.
Der Charakter dieſes von Backſteinbauten mit flachem
Relief umgebenen Plaßes verlangt eine glatte Grund-
fläche. In Greifswald war dieſe früher beſcheiden befeſtigt durch vier hölzerne Pumpen in den Plaßecken aus
der Zeit um 1800, ein Zuſtand, den die Anſicht noch
wiedergibt. Der Plaß iſt dem Schickſal vieler anderer
nicht entgangen: ein Kriegerbrunnen in der Mitte reißt
jeßt Fläche, Raum und architektoniſches Bild auseinander.

Als weitere Beiſpiele für gleiche Anordnung wären
Anklam, Prenzlau in der Uckermark zu nennen.
Roſtock (Abb. 12 und Faltplan VI) gibt dann den Fehler,
der ſo unendlich oft gemacht iſt, ſo unendlich oft noch
begangen wird. Prachtvoll könnte die Erſcheinung der
Marienkirche ſein, von einigen Straßen der Oſtſtadt wirken
ihre Mauern gigantiſch. Aber hier gegen den Markt mit
ſeinen Giebelhäuſern aus Gotik, Barock und Renaiſſance
entwertet die Anſicht ein gotiſierender Neubau aus der
Mitte des vorigen Jahrhunderts, der an Stelle einer höchſt

18

11. Greifswald — Marktplatz mit gotischen Häusern und Marienkirche

12. Roftock — Marktplatz und Marienkirche

originellen Klempnerwerkftatt aufgeführt wurde. Die
älteren, auch fchon beträchtlich hohen, aber ihr Volumen
im Giebelaufbau verringernden Häufer entftanden nach
dem großen Stadtbrand 1677. Diefer Eckbau ift kein
Haus, fondern ein kleiner Turm und übertönt mit diefer
Form den unvollendeten Turmbau der Kirche. Was für
den geringen Bau ein Plus ift, wird für die Kirche ein
Minus und damit ein Minus für die ganze architektonifche
Kompofition des Marktplatzes, deren Hauptftück fie ift.

Nicht einzelnes allein zu fehen, fondern Relationen
zu geben, dies ift das erfte Bemühen des hiftorifchen
Stadtbaues. Unter Relation verftehen wir das optifch
aufgenommene, plaftifch und räumlich empfundene Verhältnis der einzelnen Teile einer architektonifchen Situation

20

13. Landshut — Alte Refidenz mit Straßenbrücke

untereinander und zum Ganzen. Dient es nun zur Steigerung des einen, läuft es auf ein Harmonifieren des Ge-
famten hinaus, — die verfchiedenen Werte bilden eine
in fich ausgewogene Einheit. Auch aus ganz fchlichten
baulichen Verbindungen fpricht äfthetifches Gefühl, das
reftlofe Befriedigung gefunden hat. Die ftadtbauliche
Harmonie ift Aktion, von der Kraft diefer Aktion läßt
fich der künftlerifch empfindfame Betrachter willig ge-
fangen nehmen. Bei weiterem formalanalytifchen Ein-
dringen in diefe Verbindungen möchte man von einem
architektonifchen Inftinkt fprechen, deffen Erfolge kaum
die größten Bemühungen unferer ftark reflektierend arbeitenden Zeit erreichen werden. Im fechzehnten und in

21

den beiden folgenden Jahrhunderten verfeinern fich noch
die Beziehungen. Der rechnende Verftand fetzt nun ein,
um die Schöpfungen eines künftlerifchen Inftinkts detail-
liert auszuarbeiten, noch im innerlichften Zufammenhang
mit diefem, um nicht blutlofe Gebilde zufammenzuftellen.
Man hat es fich vor kurzem in Berlin große Mühe koften
laffen, eine erträglich wirkende Straßenbrücke zwifchen
den Gebäuden der Deutfchen Bank zu fpannen. Das
Erreichte bleibt eine beziehungslofe Phrafe. Und ebenfo
phrafenhaft, weil nicht einmal durch einen Zweck bedingt,
erfcheint in Trier der Schwibbogen am Ende der Lieb-
frauenftraße. Die gleiche Aufgabe ift an der Rückfront
der Refidenz von Landshut in Bayern bei befcheidenem
Aufwand ruhig und klar gelöft (Abb. 13). Die Durchgangsbogen find in Übereinftimmung mit dem Sockel-
gefchoß der Refidenz gebildet, der Laufgang ift zu den
Durchgangsbogen abgeftimmt, aber als ein nebenfächlich
Ding in geziemender Befcheidenheit der weiteren Faffaden-
entwicklung gegenüber gehalten: das Pilaftermotiv, das
hochgehend die Faffade beherrfcht und nach unten ver-
kröpft ift, wird hier durch Horizontalbänder niedergedrückt,
der Bogenfchluß der Fenfter ift ohne die Kraft, die fich in
den plaftifch ftark hervordrängenden Segment- und Drei-
eckgiebeln über den Fenftern der Refidenz ausdrückt. Am
Fronthof der Würzburger Refidenz (Abb. 14) find außer
der gefchickten Größenrelation zwifchen feitlichen Bauten
und dem Schloßbau — die Aufnahme ift fenkrecht zur
Hauptachfe der Anlage gemacht — die vorzüglichen Flächen-
und Farbenbeziehungen zu bemerken: kräftiges Einfetzen
durch die Triumphfäulen, Kolonnaden, deren Dunkelheiten
auf beiden Seiten durch die dahinterliegenden Baummaffen
gefteigert werden, ihr Architrav in den lichtweißen Kavalier-
gebäuden fortgefetzt, aus denen für die warmgrauen Sand-
fteinmaffen des kraftvoll gegliederten Schloßbaues ein
überragendes Größenverhältnis entwickelt ift. Zwei Ge-

22

14. Würzburg — Schloßvorhof

fchoffe der Kavalierbauten, im Normalmaß des üblichen Wohnhausbaues, erreichen nur die Höhe des Erdgefchoffes vom Schloß.

Die wirkfamen Proportionen des Stadtbaues find in ihrer feinften Ausarbeitung nicht mehr rechnerifch darzuftellen, wie es bei Flächenproportionen allenfalls denkbar ift, fie find optifche und müffen aus der Gefamtheit der Situation immer neu gefchaffen werden. Das Herrieder Tor von Ansbach (Abb. 15), als Abfchluß der Maximilianftraße gedacht und 1750 erbaut, hat mit den feitlich fich anfchließenden Häufern Gefchoßhöhen und Flächendetails gemein, doch wird in der Gefamtkompofition nur das Hauptfächliche durch das Nebenfächliche gefteigert. Man bemerke die feine Bewegung, die in den Erdgefchoßfenftern der Seitengebäude einen gleichmäßigen Anlauf nimmt, in den feitlichen Torwegen kurz fich zufammenduckt und dann in der Weite des Torbogens emporfchnellt. Die ganze Gruppe, deren Motiv auch von Einzelbauten wie etwa dem

23

15. Ansbach — Herrieder Tor

Kaufhaus (jetzt dem Rathaus) in Mannheim verwandt
worden ist, gewährt in ihrer regelmäßigen, achsialen Anordnung dem Auge Ruhe und Befriedigung, es wandert
nicht mehr hin und her, ruht aus. In diesem Gefühl von
Ruhe im Gegensatz zur Flüchtigkeit und zu dem raschen
Wechsel aller Erscheinung liegt der Wert solcher achsialen
Gruppenbildungen im Stadtbau. Die Dächer, deren Kontur
zwar durch das Satteldach eines zurückliegenden Baues
an der Uzstraße ungünstig beeinflußt wird, zeigen durch
ihre Silhouettenwirkung schon auf weite Entfernung diese
bestimmte Ordnung und geben damit der regelmäßigen,
breiten Maximilianstraße einen befriedigenden Abschluß.

Die Architekten dieses Jahrhunderts formen solche Beziehungen bis ins feinste durch. Unter diesem Gesichts-
punkt ist ein Entwurf bemerkenswert, der von einem durch-

24

16. Berlin — Projekt für den Gendarmenmarkt von Bourdet 1774.

aus nicht weiter bedeutenden Architekten Bourdet, einem
geborenen Franzofen, 1774 für den Berliner Gendarmenmarkt gefertigt wurde und jetzt in den Mappen
des Geheimen Staatsarchivs ruht (Abb. 16, heutiger Grundriß des Platzes Abb. 122). Bourdet faßt die Längsseiten
des Platzes durch Überbauung der Jäger- und Tauben-
straße mit Triumphtoren zu einer geschlossenen Front zusammen. Zwischen beide Tore aber schiebt er im Gegensatz zu den 21-achsigen Flügelbauten ein sie überragendes
Gebäude von elf Achsen Frontlänge ein, Architrav und
Simse der Torbauten durchziehend. Der Flächengegen-
satz zwischen Mittel- und Flügelbauten ist ein guter, die
Formwerte werden durch die Gruppierung in ihrer
Wirkung gehoben. An die Tore in ihrer Faffade an-
klingend werden in die Mitten der Schmalseiten zwei
Kirchen eingebaut, während die Gebäude neben diesen
den Flügelbauten der Längsseiten gleichen. So wird für
alle vier Platzwände eine gegen ihre Mitte steigende,

25

17. Nymphenburg — Schloß und Schloßvorplaz

kräftig geschnittene Umrißlinie herausgebracht. Höchst bemerkenswert, wie dabei die Schmalseiten gegen die weitere Distanz die energischer emporsteigende Silhouette zeichnen, die Breitseiten im Largotempo sich hochstufen. Wenn trotzdem diese Komposition kühl läßt, so mag hieran die überaus rationalistische Durcharbeitung in französischer Gesinnung schuld sein. Wir nähern uns einer Zeit, deren Gefühl für Flächenaufteilung exakt arbeitete, deren Gefühl für den Reichtum der kubischen Erscheinung langsam verödete.

Zwischen dem architektonischen Stil des Hausbaues und dem Stadtbau bestehen die innigsten Beziehungen, mit der Art und Weise des Wohnens ändert sich die Form des Stadtgebildes. Dieses unterliegt daher stetig Veränderungen, jeder Fortschritt im Wohnungswesen bringt eine Umwandlung im Stadtbild mit sich. Hieraus folgt, daß die Erscheinung einer älteren Stadt von uns wohl schön gefunden, nie aber als vorbildlich betrachtet werden kann. Es folgt daraus auch, daß unser Stadt-

26

18. Nymphenburg — Schloßfront

bau erſt wieder eine ſichere Form finden wird, wenn das einzelne architektoniſche Gebilde ſich abgeklärt hat. Bis dahin iſt alles Stadtplanmachen Arbeit des Verſtandes, der nützliche Reſultate erzielen kann, dem jedoch die überzeugende Lebenskraft des architektoniſchen Inſtinktes fehlt. Die Beobachtung iſt recht intereſſant, daß in jener Zeit gleiche Motive für einzelne Bauten und größere Kompoſitionen des Stadtbaus mit der gleichen Abſicht auf ihre Wirkung hin verwandt werden. Schloß Nymphen- burg bei München entwickelt ſeine Front aus einem halbkreisförmigen Vorhof, der von einzelnen, durch eine Mauer untereinander verbundenen Kavalierhäuschen um- ſchloſſen wird (Abb. 17). In räumlich geſteigerter Aus- meſſung, gelockert zu landſchaftlicher Schönheit, haben dieſe ſymmetriſchen Häuschen eine ähnliche Aufgabe, wie die vorgreifenden Flügel am Würzburger Schloßhof (Abb. 14). Es ſind die Diener, die dem Großen aufwarten. Rechtwinklig rückſpringend ſetzen daran die Verwaltungs- gebäude an, die zweigeſchoſſige Korridorbrücken mit dem

19. Ludwigsburg — Marktplatz mit Stadtkirche

Mittelbau verbinden, unten durch Arkaden Einlaß zum
Schloßgarten gewährend (Abb. 18). Diese Korridore, die
sich in die Gesamtgliederung einfügen, dienen dazu, den
Hauptbau stärker gegen seine Umgebung herauszuheben

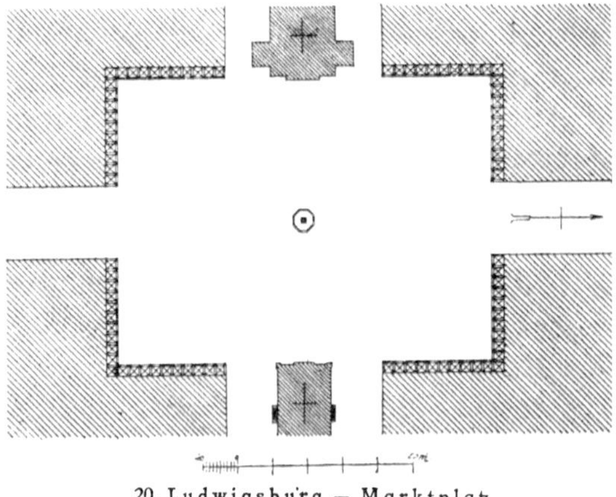

20. Ludwigsburg — Marktplatz

28

21. Ludwigsburg — Marktplatz

und ihm die überragende Wirkung zu ſichern, indem ſie
neben ihn eine ganz beſcheidene Bauform ſtellen, die
vor ihm gleichſam niederſinkt und deren Arkaden nur
als Ausklang des Motivs ſeines Hauptportals erſcheinen.
Vorbereitung durch Relationen und ſelbſt noch im Schluß-
akkord ein Beachten des Geſetzes, ohne das die ſchöne
Stadt nicht beſtehen kann! Der Marktplatz der zweiten
württembergiſchen Reſidenzſtadt Ludwigsburg, die
neben dem neuerbauten Schloß ſeit 1709 langſam entſtand,
iſt mit zweigeſchoſſigen Häuschen umſäumt, die ſich unten
in zuſammenhängenden, wenn auch nicht gleichen Arkaden gegen den Platz öffnen (Abb. 19—21). Dieſe Anordnung
entwickelt die Häuschen in die Breite, drückt ihre Höhen-
erſcheinung herunter. So bilden ſie den wirkſamſten
Gegenſatz zu den beiden Kirchenfronten und ſteigern
deren Erſcheinung. Der optiſche Maßſtab iſt ein anderer
geworden wie der reale; ein Vergleich mit dem Plan
(Abb. 20) läßt dies erkennen. Das Auge wird getäuſcht,

29

nimmt aber die Täufchung gern hin, denn fie klärt den
architektonifchen Gehalt der Platzanlage. Nicht be-
ziehungslos fteht ringsum Bau neben Bau, die Teile
bewerten durch Bezug und Gegenfatz einander.

Der Parifer Platz in Berlin (Abb. 22) zeichnet fich
vor den anderen Berliner Plätzen durch feine maßvolle Bepflanzung aus, die zwar immer noch zu reichlich ift, um
diefen Torplatz in Gegenfatz gegen die freie Natur des
Tiergartens zu bringen, die Bedingungen des Platzes
felbft aber nicht ftört. Die Wirkung beruht hier auf dem
Verhältnis von gefchloffenen Platzfaffaden zur Öffnung
des Brandenburger Tores. Die Silhouettenführung, das
reichere Spiel von Licht und Schatten erheben diefes zum
herrfchenden Bau trotz der höheren Häufer. Wie der
Hotelneubau an der Südoftecke des Platzes zeigt, wird
diefer Eindruck felbft von noch höheren Bauten bei einiger
Zurückhaltung im Detail nicht gefchädigt.

Jeder Gefamteindruck des Stadtbildes löft fich in eine
Gruppe von Beziehungswirkungen auf. Selbftverftänd-
lichkeit in der Darftellung folcher Relationen ift architektonifche Difziplin, das Empfinden aber für folche optifchen Maßverhältniffe beruht auf der Klarheit der architektonifchen Vorftellung.

22. Berlin — Pariser Platz und Brandenburger Tor

Die Ausbildung des Baublocks

Die Stadtbaukunſt verbindet die benachbarten Häuſer miteinander, bildet aus der Vielheit die höhere Einheit des Baublocks. Wir verſtehen unter Baublock das von Straßen umſäumte und geſchloſſen bebaute Grundſtück, das, wenn auch aus mehreren Bauparzellen ſich zuſammenſetzend, in ſeiner architektoniſchen Erſcheinung einheitlich wirkt. Erhebliches wäre erreicht, wenn die moderne Stadt nach dieſem einen Geſichtspunkt der Baublockbildung geformt werden könnte. Werden heute bei zerſplittertem Grundbeſitz in der Umgebung unſerer Städte durch Straßenanlagen ſolche Parzellen verſchiedener Eigentümer zuſammengelegt, ſo behält jede infolge ihres beſonderen Beſitzers ihre Einzelexiſtenz. Dieſe tritt in Erſcheinung, ſucht ſich ſogar ſtark zum Ausdruck zu bringen, ſobald auf den einzelnen Parzellen die Häuſer ſich erheben. Kein Haus will im geringſten dem benachbarten gleichen. Durch die Beziehungsloſigkeit der einzelnen Häuſer eines Grundſtückes zueinander entſteht Zuſammenhangloſigkeit der Straßen und Plätze einer ganzen Stadt. Denn den ungeſchloſſenen Eindruck dieſer verſchuldet weniger ihre Durchbrechung durch zahlreich und ſchlecht einmündende Straßen, als die Zerſtückung ihrer Wandungsabſchnitte in einzelne Bauten. Erſt die Überwindung dieſes zerſetzenden Individualismus im Hausbau wird der Erſcheinung einer ganzen Stadt Zuſammenhang geben können.

An Straßen und Plätzen von Dörfern und kleinen Städten, die ihren Charakter aus früherer Zeit bewahrt haben, wie etwa in Donauwörth das Spindeltal (Abb. 9 und 23), der Marktplatz von Miltenberg (Abb. 24 und 25), die Häuſer hier um 1600 entſtanden, das Brünnlein um 1510, die Hirſchgaſſe in Stuttgart (Abb. 26), beobachtet man, daß der Eindruck des Blocks ein geſchloſſener iſt,

32

23. Donauwörth — Spindeltal

trotzdem jedes Haus als Einzelexiſtenz ſich geltend macht,
der Blockgrundriß und Aufriß eine ſehr bewegte Kontur
zeichnen. Die Geſchloſſenheit der Wirkung liegt hier alſo
nicht in der Behandlung des Baublocks als eines Kubus,
in dem das einzelne Haus gänzlich verſchwindet, deſſen
Wandungen zu einer gleichmäßigen Fläche verſchmolzen
ſind, ſie wird vielmehr erreicht durch die Zuſammen-
ſtimmung dieſer Teilſtücke. Denn nicht nur wiederholt
ein Haus die Bauart des anderen — in Franken Putzbau, im Odenwald und Württemberg munterer Fach-
werkbau —, ſondern ein Haus gleicht faſt genau dem
anderen in der Verwendung des Baumaterials, in ſeinen
Proportionen, in der Faſſadenteilung und in der Dach-
bildung. Daß man nicht daran dachte, eine Blockgruppe
als mathematiſch einheitlichen Kubus zu behandeln, und
doch eine geſchloſſene Wirkung hervorbrachte, zeigen

33

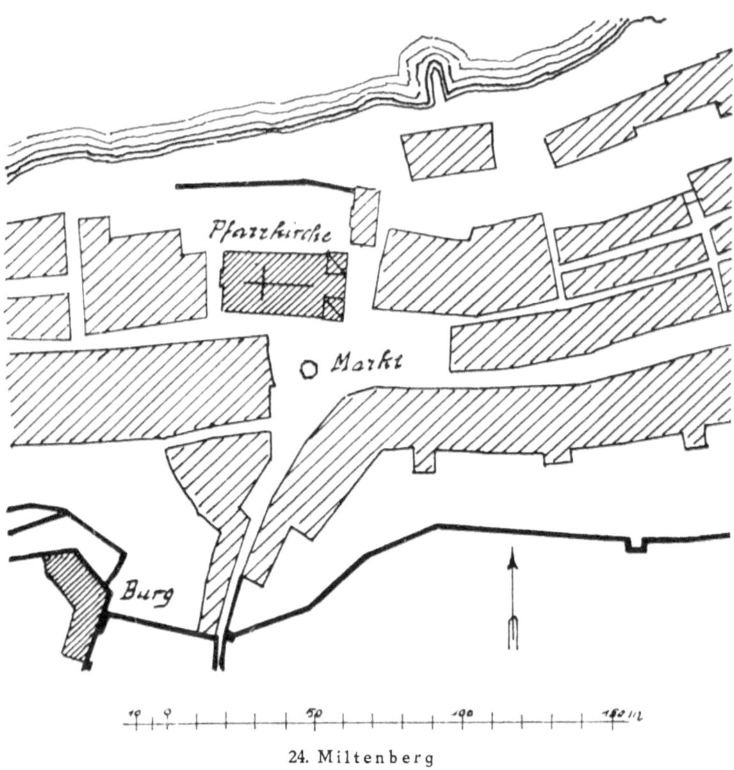

24. Miltenberg

auch die fluchtenden Gildenhäufer am Andreasplatz von
Hildesheim, deren älteftes aus dem Ende des fünfzehnten Jahrhunderts ftammt (Abb. 27). Die Höhen der
vorkragenden Stockwerke find gleich, doch wechfelt Giebel-
front mit Breitfaffade, fo daß eine lebhaft gebrochene
Dachkontur entfteht. Das Verbindende bleibt die Gleichmäßigkeit des Bau- und Eindeckungsmaterials, das hier
auch die Brandmauern verkleidet.

Die Aufgabe, den Baublock oder doch einen größeren
Komplex desselben außer durch das gleichmäßig ver-
wendete Material unbewußt auch durch feine Form bewußt in fich einheitlich darzuftellen, ihn als einen Kubus
zu faffen, dem fich die einzelnen Häufer unterordnen,
ohne in ihm zu verfchwinden, ftellt fich dann die Re-

34

25. Miltenberg — Marktplatz

26. Hildesheim — Gildehäuser am Andreasplatz

naiſſance. Die Straßenſeite der Fuggerei in A u g s b u r g
wäre hier zu nennen. Denn hier iſt wirklich eine ſolche
Zuſammenfaſſung bewußt gegeben. Frühere Beiſpiele
der Gotik, die ſich anführen ließen, beruhen auf ſchema-
tiſcher Reihung eines Typs, meiſt für Kleinwonnungen,
wie zum Beiſpiel die Weberhäuschen in N ü r n b e r g. Zum
allgemeingültigen Prinzip wird ſolche Geſtaltung im achtzehnten Jahrhundert erhoben. In C r o ß e n zeigen die
Häuſer am Markt (Abb. 28 und 29) gleiche, durch Sims-
bänder abgeteilte Stockwerkhöhen unter Betonung des
Mittelgeſchoſſes, ähnliche Fenſterproportionen und einen
Zuſammenſchluß aller Dächer. Die hohe Dachkappe erhält erſt Sinn, wenn ſie zu dem geſamten Kubus des
Baublocks in Beziehung geſetzt wird. Die Anſicht zeigt
die Ausbildung der Eckdächer, von denen das eine durch
ein Verſehen in der Bauleitung zu hoch geraten iſt.
Iſoliert geſehen haben dieſe Eckdächer keine architekto-
36

27. Stuttgart — Hirſchgaſſe

niſche Exiſtenzmöglichkeit, verlangen vielmehr nach Vereinigung mit den anderen in einem Gefühl für Unterordnung, das uns fremd geworden iſt. Croßen war 1708
niedergebrannt. Die Verordnungen zum Wiederaufbau
vom 2. Auguſt 1708 ſind von W. C. Behrend bekannt
gemacht worden. Es heißt da: „Hierbey iſt auch auf die
Regularität und Gleichheit der Häuſer genau Acht zu
geben, und dahin zuſehen, daß die Geſimſer von einem
Hauſe zum andern mit einander correſpondieren, kein

37

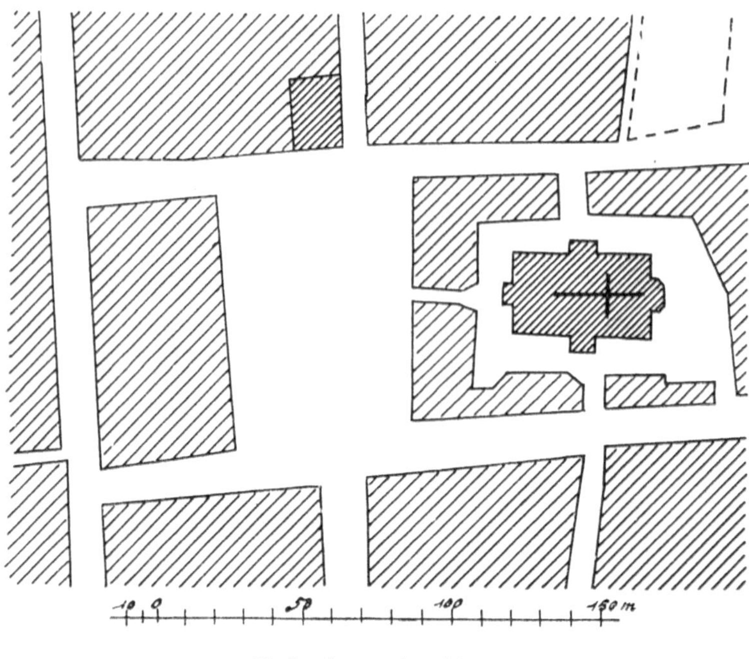

28. Croßen an der Oder

Fenſter höher noch tiefer als das andre, ſondern alle
durchgehends gleich angeleget werden mögen, geſtalt
hierüber insbeſondere mit Nachdruck und Ernſt gehalten,
diejenige auch, ſo dawider zu handeln ſich unterſtehen
und einige Fauten wider den Inhalt dieſes Reglements
gemachet zu haben überführet werden, mit harter Be-
ſtrafung nach Beſchaffenheit ihrer Contravention angeſehen werden ſollen." Andere Reglements habe ich
in meiner „Stadtbaukunſt des 18. Jahrhunderts" veröffentlicht, die beſonders auf die verwaltungstechniſche
Seite eingehen.

Es iſt nicht übertrieben, zu ſagen, daß die Wieder-
belebung der deutſchen Stadtbaukunſt mit dem Dach be-
ginnen muß. Ein Ortsſtatut zum Schutz einer Stadt in
architektoniſcher Hinſicht hätte auf deren Überwachung

38

29. Croßen — Oſtſeite des Marktplaßes

allen Nachdruck zu legen, zumal hierin kaum eine wirtfchaftliche Schädigung der Bauenden liegt. Noch ein
weiteres ift zu bemerken: folche Ergebniffe einer wohl-
anftändigen Gefinnung werden am leichteften erreichbar
fein bei annähernder Rechteckgeftaltung des Blockgrund-
riffes, die Dächer werden dann am leichteften eine be-
friedigende Gefamtform finden können. Jeder Grundriß
einer Stadt zeichnet fich noch ein zweites Mal in den
Linien der Dächer ab. Wird hier Beruhigung und Klarheit gewünfcht, fo muß der Grundriß folche bereits vor-
bereiten. Ein zerriffener Blockgrundriß ergibt auch eine
zerriffene Dachform.

Der Innere Zirkel von Karlsruhe (Abb. 31, Faltplan
VIII) ftellt für die Einheitlichkeit eines Blocks aus jener
Zeit ein fchlichtes Beifpiel. Die Übereinftimmung der einzelnen Häufer ift keineswegs fchematifch, aber wirkfam,
da fie fich auch an weniger hervortretenden Teilen findet.

40

31. Karlsruhe — Innerer Zirkel

Ganz beſcheiden die Blockbildungen im Friderizianiſchen
Rheinsberg. Der moderne Architekt wird troßdem
auch ſo beſcheidene Blockbildungen jener Zeit ihrer Ruhe
und Geſchloſſenheit wegen mit Sehnſucht betrachten. Das
Bürgerhaus gab ſich damals beſcheiden, ſelbſt vornehmere
Häuſer traten nicht aufdringlich heraus. Man hatte Gefühl dafür, daß Vornehmheit Zurückhaltung iſt, nicht
darin beſteht, daß man jedem Vorübergehenden zuruft,
er ſolle aufſehen, man wäre das und das. Troßdem
ließen ſich ähnliche Wirkungen heute ſelbſt bei weit ge-
ſteigerteren Anſprüchen herausbringen.

Der Vordere Zirkel (Abb. 30) ſteigert den Ausdruck
ins Monumentale. Arkaden im Untergeſchoß öffnen ſich
gegen den Schloßplaß, ihr Bogenſchwung iſt der muntere
Begleitton im Wohlklang aller durchlaufenden Kurven.
Einmündende Straßen gliedern die Baumaſſe rhythmiſch,
jeden Block von neuem als Kubus darſtellend. Das

41

Ganze will als Folie dienen für den Schloßbau im Brennpunkt der ganzen Anlage.

Die Baugefinnung jener Zeit charakterifieren Bauvorfchriften für die Neuftadt von D r e s d e n , die fich ähnlich in anderen Städten wiederholen. Diefe ift entgegen ihrer Bezeichnung der ältefte Teil Dresdens, eine Siedlung noch aus vorgefchichtlicher Zeit. Die Gründung des regelmäßig angelegten Neudresdens am anderen Elbufer im dreizehnten Jahrhundert überflügelte die Siedlung rafch, fie blieb ein Dorf ohne Wall und Graben. 1632 wurde es nach feiner Vereinigung mit Neudresden befeftigt, aber erft unter Auguft II. entwickelte es fich, nachdem ein großer Brand mit den baufälligen Häufern aufgeräumt hatte. Johann Chriftian Hafche berichtet in feiner Umftändlichen Befchreibung Dresdens 1781 —83 darüber: „Doppelte Baubegnadigungen und große Freyheiten, die er denen ertheilte, die fteinern bauen würden, verdrängten die meiften alten Häufer, die Stadt ward regulairer, die Gaffen gerader, die Hauptftraße und Königsftraße befonders erhielten ein Anfehen, was lockend zur Nachahmung war, aber auch zugleich zum Mufter dienen konnte. Nun konnte Auguft II. mit Recht fordern, daß es Neuftadt hieße". . . . „Die Königsftraße führt diefen Namen, nicht nur wegen ihres königlichen Urhebers, fondern auch wegen ihrer ausnehmenden Breite, fchönen doppelten Lindenallee und neuen maffiven, alle in egaler Höhe erbauten Gebäude. . . . Die Gaffe felbft, die auf dem freien Platze, dem holländifchen Palais gegenüber, am Erdwall hinläuft, gibt fchon eine große Erwartung durch die zwey auf beiden Seiten vorliegende Gebäude. . . . Obgleich die Breite der Häufer in diefer Straße verfchieden ift, find doch die Höhen vom Parterre und zwo Etagen, gleiche Simmshöhe und übrige Bauart alle einerley. Sie befteht in glatten Schäften und vorliegenden Fenftergewänden. Die einzige Abänderung, die alle diefe Ge-

42

bäude haben, befteht blos darinne, daß da nur ein einziges
Fenfter als das Hauptmittel hat dürfen mit Verdachung
verzieret werden, ein jeder Erbauer feines Haufes diefes
verzierte Fenfter mehr oder weniger bereichern dürfen
und ftatt des Schildes unter der Verdachung eine Devife
als Kennzeichen des Haufes, hat hineinfetzen können."
Für Karlsruhe wird von der Schloßbaukommiffion vor-
gefchlagen, „daß jeder feinem Haufe eine felbftgefällige
Breite geben darf, nur mit dem Vorbehalt, daß nach den
Straßen zu man die Gleichförmigkeit der Dächer beobachten folle".

Daß das Gefühl allgemein war, durch Zufammen-
fchließung der einzelnen Häufer zum Block einen großen
architektonifchen Eindruck zu erreichen, beweißt auch die
„Oratio Panegyrica" über Carlshafen a. W. von Stephan
Winterberg 1722. Er fchreibt: „Den Häufern unferer
Stadt gereicht zu nicht geringem Schmuck, daß diefelben
nicht nach jener gewöhnlichen Bauart, wo ein jedes mit
einem kleinen Zwifchenraum für fich dafteht, fondern
nach jener neuen belgifchen (??) Erfindung errichtet find.
Es fteht nämlich ein Haus fo eng am andern, daß man,
wenn nicht die verfchiedenen Eingänge wären, beinah
glauben könnte, die ganze Stadt wäre nur ein einziges
Haus."

Den ganzen Reichtum der Erfcheinung felbft unter
fo befchränkenden Beftimmungen gibt die Weftfeite der
Theaterftraße von Würzburg (Abb. 32), die der Architekt
des Würzburger Schloffes Johann Balthafar Neumann
erbaute: gleiche Proportionen und Dachbildungen, aber
wechfelndes Detail, das in feiner reicheren Behandlung
den erften Bau linker Hand als den bedeutenderen
charakterifiert. Eine Gartenmauer, über die Wogen von
Ranken wilden Weines fluten, führt als Abfchluß das
Simsband des erften Gefchoffes durch und verbindet fo
innig die benachbarten Bauten. Der offene Zwifchen-

raum läßt in der Perspektive das folgende Haus hervortreten, deffen Wirkung die Plaftik feiner Erfcheinung verftärkt. Ein leichter Knick dort, wo eine Straße einmündet und ein Bruch natürlich wird, dann die Weiterführung des gleichen Motivs. Ähnliche Anfichten bietet die Königsftraße in Dresden. Diefe gleichmäßige Behandlung der einzelnen Baublöcke erreicht für den Straßenraum eine wundervolle Einheitlichkeit. In dem Wirrwarr unferer Städte verlangt das Auge geradezu nach einer folchen, denn erft fo zur Ruhe kommend beginnt es die Feinheiten des architektonifchen Zufammenhangs zu genießen, Feinheiten, weit die lärmenden Effekte übertreffend, die es in modernen Straßen verarbeiten muß.

In diefem Buche ift vermieden worden, mit Beifpiel und Gegenbeifpiel zu arbeiten, eine Manier, die meift ungerecht war und durch häufige Anwendung gefchmacklos wurde. Der Gartenmauer in der Theaterftraße von Würzburg foll aber eine Garteneinfaffung gegenübergeftellt werden, die fich pretentiös als künftlerifche Leiftung gibt (Abb. 33). Man wende nicht ein, daß es fich um offene Bebauung handele, bei der der Gartenmauer eine ganz andere Aufgabe zufalle. So eng ift der Vergleich nicht zu nehmen. Hier foll nur gezeigt werden, wie Zerfahrenheit und Zufammenhanglofigkeit der einzelnen Häufer in der Umrahmung des Grundftücks fich ausdrücken und jede größere Einheitswirkung völlig unmöglich wird: Individualismus bis ins letzte auf Koften der Gefamtheit. Die Zaunbildung der Darmftädter Künftlerkolonie gibt ein Beifpiel für die übliche Einfriedigung der Vorgärten. Nicht deren einheitliche Bepflanzung ift notwendig, wohl aber gegen die Straße ihre gleichmäßige, gut fehbare Einzäunung, denn diefe foll als äußerfte Grenze das Grundftück zufammenhalten und abfetzen gegen den Straßenraum. Wie leicht das zu erreichen ift, zeigt die Einfriedigung des Gartens der neuen Anatomie

44

in München (Abb. 34) Trotzdem das ausdrucksvolle Gebäude von der Straße zurückgezogen iſt, wird die Einheit des Grundſtücks gewahrt, die Straße gegen dasſelbe abgeſetzt. Die ſeltene Klarheit ſolcher Verhältniſſe tut unſerem Raumempfinden außerordentlich wohl.

Es wird jetzt der Verſuch gemacht, die aus mehreren Häuſern gebildete kubiſche Einheit des Blocks aus ihren Proportionen heraus zu gliedern. Die Mitte der Weſtſeite des Croßener Marktplatzes (Abb. 28 und 35) wird hervorgehoben durch einen Segmentgiebel über dem Dachgeſims, deſſen Verhältnis nur auf das mittelſte Haus bezogen

45

33. Darmſtadt — Künſtlerkolonie

ein drückendes wäre, das auf den ganzen Baublock und
die Dachfläche abgeſtimmt, dem übrigen Relief entſprechend,
ein ſehr zierliches iſt. Gegen dieſe Mitte ſteigt die Kontur
der Dächer, ihre Knicklinie in ein Drittel Höhe läuft dagegen durch. In Erlangen (Abb. 57 und Faltplan VII)
zeigt ein Abſchnitt der Hauptſtraße ſymmetriſche Faſſaden-
aufteilung, ſeine Mitte iſt durch ein vornehmes Privathaus
hervorgehoben, rechts und links ſchließen ſich gleiche
Faſſaden an, wobei zwei Häuſer unter einer zuſammengenommen ſind. Solche Zuſammenziehung mehrerer Häuſer
unter einer einheitlichen Faſſade findet ſich allenthalben
häufig. Um die Betonungen und Abwägungen innerhalb
einer geſchloſſenen Blockfaſſade, um die reinliche Fügung
und ſchlichte Klarheit ihrer Details bemüht ſich dann beſonders die Architektur um 1800. Die Würdigung dieſes
Bauſtils bedingt ein erzogenes, an hiſtoriſierender Architektur nicht verdorbenes Auge, das die Feinheiten bewußter
architektoniſcher Rechnung zu erkennen vermag. Zu den
Monumentalleiſtungen wird ſtets die Schöne Ausſicht in

46

Frankfurt am Main (Abb. 37) zu rechnen ſein, der gegenüber der Schaumainkai dürftig ausſieht. Die ältere Faſſade des Hausblocks in München zwiſchen Maximiliansplatz und Briennerſtraße (Abb. 38), gegen die die anderen Seiten traurig abſtechen, konzentriert im Erdgeſchoß durch die Lage der Portale, durch bogige Fenſterſtürze im Gegenſatz zu geradlinigen den Eindruck gegen das mittlere Haus. Die Dächer mit ihren Lucken und Schornſteinen unterſtützen dieſe Abſicht, ſonſt iſt die Durchbildung vollkommen gleich, und nur die Stelle, wo Mittelvertikale und Mittelhorizontale ſich durchſchneiden, der Schwerpunkt der Gruppe liegt, zeichnet ein flacher Relieffries aus. Eine Gefahr liegt darin, daß dieſe Flächenteilungen bei größerer Blockbreite verloren gehen. Dieſer Gefahr iſt die Eſplanade in Hamburg, die man meiſt in ſtarker Verkürzung ſieht, nicht entgangen: eine Warnung für die Bauberatungsſtellen unſerer Städte.

Wie treten Monumentalbauten in einem ſolchen Block hervor? Die Frage iſt außerordentlich wichtig, da wir

35. Croßen — Weſtſeite des Marktplatzes

heute geneigt ſind, anzunehmen, ein Monumentalbau
könne nur in iſolierter Stellung beherrſchend wirken. In
Erlangen benutzt das Altſtädter Rathaus das einfache
Mittel des Kontraſtes (Abb. 39). Der Bau aus dunklem
Hauſtein mit großem Portal, hohen Fenſtern und mächtigem
Dach erhebt ſich ein wenig vorſpringend in der Mitte des
Blocks über die kleinen, hell abgeputzten Häuschen. Ähnlich
einfach und doch klar und kräftig die Anlage der Karls-
ſchule in Stuttgart. Haupt- und Nebendinge werden
durch die Stärke des Gegenſatzes ſpielend geſchieden,
allein es könnten Fälle eintreten, in denen die Einheit
des Blocks in Frage geſtellt wird und die Gruppenbildung
nicht immer eine glückliche, in ſich geſchloſſene ſein kann.
St. Johanniskirche und Aſamhaus in der Sendlingergaſſe
von München (Abb. 40 und Faltplan III) treten durch ihr
Relief, andere Fenſtermaße, eine kapriziöſe Kurve in der
Dachſilhouette aus der graden Flucht hervor; der Eindruck

48

36. Croßen — Nordseite des Marktplaßes mit Rathaus

hätte durch [enkrechtes Einmünden einer Straße gegen die Kirche ge[teigert werden können. Trotzdem lö[en auch [ie nicht die Verbindung mit den be[cheidenen Nachbarn völlig auf. Einheitswirkung des Blocks und doch ganz klare Differenzierung des Monumentalbaues erzielt das Rathaus von Cro ß en (Abb. 28 und 36), eine [ehr [chöne Gruppierung aus dem Jahre 1709. Die Freiheit der Dar[tellung innerhalb gegebener Maß[tabverhältni[[e i[t ein Kriterium für die Fähigkeit des Architekten: die Ge[cho[[höhen [ind die gleichen, doch die Verhältni[[e der Fen[ter und ihre Verteilung unter Verwendung von Blenden auf der Fa[[adenfläche, die [ich nach der Mitte zu vor[etzt, [ind andere, [o daß die Fläche kräftiger wirkt. Nur die freie Ecke i[t mit Ru[tikaquaderung abgefaßt, auf der anderen Seite der durchlaufende Zu[ammenhang gewahrt. Die Auszeichnung liegt in der Dachausbildung, in den größeren Flächen und wirkungsvolleren Dachluken. In

49

37 Frankfurt a. M. — Schöne Ausficht

breiten Abfätzen geht die Bewegung von links nach rechts
hoch, erhebt fich dann in dem Holzturm, der zugleich die
Mittelachfe des Rathaufes auszeichnet und ein glänzendes
Zeichen für die Fähigkeit des Erbauers ift, die Einheit des
Kubus empfindend jeden Bauteil durch fie zu bedingen,
trotzdem aber den Teil wiederum in fich zu harmonifieren.
Ich kann der Verfuchung nicht widerftehen, gegen diefe
Baugruppe des 18. Jahrhunderts eine folche der deutfchen
Frührenaiffance zu ftellen. In Dinkelsbühl (Abb. 42) treten
im Grunde gleiche Wirkungsfaktoren auf. In Croßen aber
wird aus der Einheit die Differenzierung, hier bei Differen-
zierung Einheit durch Material und Proportion entwickelt.

Mit Abficht wurden drei Anfichten (Abb. 29, 35 und
36) nur von dem Croßener Marktplatz gewählt. Der
Reichtum der Mark Brandenburg und zum Teil auch
Schlefiens an ähnlichen Beifpielen einer mit geringen
Mitteln, aber mit höchft bewundernswertem architektonifchen Gefühl arbeitenden Stadtbaukunft ift außerordentlich und kaum gehoben. Sehr beklagenswert ift,
daß viele Architekten ahnungslos hier vorübergehen, daß
das Publikum von Schwärmern in dem Glauben gehalten
wird, der Gipfel deutfcher Stadtbaukunft fei mit Nürn-
50

berg erklommen, jener Stadt, in der eine aufrichtige und klare Gesinnung sich bedrückt und nicht hingehörig fühlen muß, die eine kunsthistorische Merkwürdigkeit ist, aber kein Vorbild für eine selbständige, moderne Kunst sein kann. Jakob Burckhardt äußerte sich bereits in seinen Briefen 1877 an den Architekten Max Alioth sehr trefflich: „Nürnberg steckt voll von schönen und merkwürdigen Sachen, und schon im Germanischen Museum habe ich mich zwei Stunden dumm gelaufen. Aber zum Wohnen möchte ich die Stadt nicht, es ist mir zu eng zwischen den himmelhohen Häusern und den hohen Spitzdächern." Nah stehen uns diese Städte des achtzehnten Jahrhunderts, weil sie besonnen und abwägend sich gestalteten, Gefühl für architektonische Konsequenzen bis ins Kleine zeigen, und der moderne Architekt die gleiche geistige Disziplin von sich verlangt.

Crossen kann eine Schöpfung des preußischen Königs Friedrichs I. genannt werden. Am 25. April 1708 brannte die ganze Stadt bis auf das Schloß und einige Häuser auf dem Siehdichfür ab. Der König bewilligte zum Wieder-

51

39. München — St. Johanniskirche und Asamhaus

aufbau der Kirche, Schule und des Pfarrhaufes eine
Kollekte im ganzen Staat. Weiter wies er den Ein-
wohnern die Einnahmen der Oderzölle auf mehrere Jahre

52

40. Erlangen — Altſtädter Rathaus

als Unterſtützung an, befreite ſie von allen Laſten und
überließ ihnen koſtenlos Baumaterial. Dem königlichen
Baureglement verdankt C r o ß e n ſeine regelmäßige Bebauung und vor allem den Marktplatz, der in den Jahren
1708—09 entſtand. Die Bauordnung ſchrieb für die Häuſer
an dieſem Platz drei Stockwerke vor, während die in den
Gaſſen nur zwei Geſchoſſe hoch ſein durften.

Eine Straßenecke aus dem alten Judenviertel in F r a n k -
f u r t a. M. und eine ſolche in der Durchbildung des achtzehnten Jahrhunderts aus D r e s d e n (Abb. 42 und 43)
zeigen den gleichen Wandel wie die Blockfaſſade. Dort
Auflöſung in zwei Bauten, der eine über den anderen
hinausgeſchoben, jeder ganz individuell entwickelt und
dabei doch ein Zuſammenhang in der Wirkung durch
Ähnlichkeit. Hier das Eckhaus der harmoniſche Abſchluß
der Häuſerzeile und gegen einen offenen Platz gehend
die Frontanſicht des ganzen Blocks, ohne jeden Aufwand
ſich darſtellend. Unſere Zeit kommt kaum über ſtete
Wiederholung eines Kuppelbaues hinaus, mit deſſen
Effekt man ſparſam umgehen, ihn nicht an Straßenzeilen

verſchwenden ſollte. Die Erſcheinung der prachtvollen
Kuppel der Frauenkirche (Abb. 43) iſt ſo eindrucksvoll,
weil ihr keine Konkurrenz gemacht wird, ſie über einem
ruhigen Sockel von Häuſern ſchwebt. Karlsruhe
(Faltplan VIII), reich an Ecken aller möglichen Winkel-
größen und ſo abwechslungsvoll in ſeinen kubiſchen Ver-
hältniſſen, behält meiſt das einheitliche Viereck des Baublocks bei und bildet die Ecke nur an beſonderen Plätzen,
bei ſtarker Spitzwinkligkeit und an bedeutenderen Gebäuden aus, von der einfachen Abſchrägung mit einem
Balkon (Abb. 44) bis zur Heraushebung eines Mittel-
riſalites (Abb. 46), dem ſich die Faſſadenfluchten rechts
und links als Flügelbauten unterordnen. Eine der treff-
lichſten Löſungen, die beſonders im Anfang des neunzehnten Jahrhunderts von Weinbrenner ausgebildet
wurden, iſt leider kürzlich dem Brand zum Opfer ge-
fallen: die Ecke wird umgebildet zu einem ungefähren
Eindrittelkreisbogen, der ein wenig über die zwei
Straßenfluchten hinausgreift. Doch hat außer Karlsruhe noch das nahe Ettlingen einiges derart bewahrt.
In Erlangen (Abb. 56) kulminiert gleichmäßig die Maſſe
des Baublocks gegen die Ecken. Sehr reizvoll eine kon-
kave Ecklöſung am Schloßplatz in Caſſel (Abb. 47), die
für die Straßenperſpektive beſondere Vorteile gewährt.
Ähnlich in Potsdam die „Acht Ecken“.
Mit der ſchematiſchen Durchführung gleicher Dach-
geſimshöhen — noch ſchlimmer Maximalhöhen, da hier-
mit der Willkür in Geſchoßzahl und Dachausbildungen
freie Hand gelaſſen — iſt die Möglichkeit einer lebendigen Blockausbildung vorbei; er gleicht einem mit einer
Säge zugeſchnittenen Klotz ohne feinere plaſtiſche Durchbildung. In dieſer Form wurden die Häuſerreihen am
Maximiliansplatz in München (Abb. 45 und Faltplan III)
angelegt, nachdem 1805 die Prannerſtraße durchgebrochen
und das Max Joſeph-Tor mit nebengebautem Torwach-
54

41. Dinkelsbühl — Marktplaß und Weinmarkt

gebäude von N. v. Schedel als Abfchluß für die fpätere
Karlftraße angelegt worden war. Ein Neubau an deffen
Stelle ftört allerdings empfindlich den Eindruck. Zu er-
gänzen find auch offene, dunkelwirkende Arkaden im
Erdgefchoß, die die Faffadenfläche gegliedert hätten,
doch ift der Eindruck, namentlich mit einer Bildung wie
in Dresden verglichen, erkältend, wenn auch immer
noch unendlich beffer als die zerriffenen, künftlerifch zufammenhanglofen Straßenwände unferer Großftädte.

Schließlich erftarrt die Blockbildung völlig, jedes Spiel
innerer Kräfte fehlt, fie bedeutet für die Stadtbaukunft
nicht mehr eine Hilfe als erfte Gruppierungsform der
zerftreuten Einheiten. Diefer Erftarrungsprozeß läßt fich
in der Maximilianftraße von München beobachten. Die
Straße entftand auf Befehl Maximilians II. als Durchbruch durch die obfkuren Gärten der Graggenau nach
Gafteig. 1852 wurde der Plan Burkleins und Zenettis
genehmigt und eine Konkurrenz für einen paffenden Haus-
typ ausgefchrieben. „Erwünfcht wäre die Berückfichtigung

55

42. Frankfurt a. M. — Große Fischergaſſe

der Gotik in ihrer vertikalen Tendenz, womöglich in or-
ganiſcher Verſchmelzung mit den ruhigen Linien und
breiteren Maſſenverhältniſſen der griechiſchen Architrav-
architektur, während die Konſtruktion der Technik und
Kultur der Zeit anzupaſſen wäre." Weiter wie zu dem
Befehl, einen Bauſtil zu erfinden, kann die Verdorrung

56

43. Dresden — Rampi[che Straße mit Frauenkirche

aller architektoni[chen Zeugungskraft nicht gehen: das
Dach i[t ver[chwunden, das Kranzge[ims für fünf Ge-
[cho[[e ganz dünn geworden; die Unterbrechung des

44. Karlsruhe — Straßenecke (abgebrochen)

45. München   Blockbildung am Maximiliansplatz

58

46. Karlsruhe — Rondel

47. Caſſel — Ecke am Schloßplatz

48. Ludwigsburg — Hintere Schloßstraße

Gesimses durch höher ragende, rechteckig abschließende
Risalite zeichnet die ödeste Silhouette, die sklavische
Gleichmäßigkeit der Fläche ermüdet. In dem Grundriß
der Anlage ist das Verhältnis der Straße zu dem an-
schließenden Platz ohne jede Spannung, die Längenmaße
beider gleichen sich.

Die absichtliche Auflockerung des Blocks ging früher nie
so weit, denselben zu sprengen. In der hinteren Schloßstraße von Ludwigsburg (Abb. 48) gegenüber dem Schloßgarten — und dies landschaftliche Moment ist für die
freiere Entfaltung von Bedeutung — wechseln die Haus-
höhen, die Fluchtlinie zeigt Einsprünge, welche Vorgärten
ergeben, die Einheit des Stils, nicht nur wie in mittelalterlichen Städten die Einheitlichkeit des Materials, bindet
den Komplex vollkommen in sich. Nur zwei Formen
treten stark in Erscheinung, der geschlossene Unterbau
und das Mansardendach, ein Reichtum von selbst gut im
einzelnen genutzten Details würde die Geschlossenheit der

60

Wirkung löſen. Gleichmäßige Auflockerung durch Pflanzungen und Gärten beginnt erſt im neunzehnten Jahrhundert mit der Entfeſtigung der Städte. In einer Beſchreibung des Stadtdirektionsbezirks von Stuttgart aus dem
Jahre 1856 heißt es: „In die Gärten hinausreichend iſt
die Stadt innerhalb ihres Weichbildes ſelbſt noch reich an
Gärten, welche, namentlich in einzelnen neueren Teilen,
die Annehmlichkeiten eines halb ländlichen Lebens gewähren. Schon hieraus erhellt, daß die Bauart eine
weitläufige iſt, und es nimmt auch in der That die Stadt
einen Flächenraum ein, worauf nach der Bauweiſe der
älteren Stadt-Theile von Paris und Wien drei bis viermal
mehr Menſchen wohnen könnten." Und weiter: „An den
neu angelegten Straßen werden zwar die Häuſerreihen
nicht mehr zuſammenhängend, ſondern mit offenen
Zwiſchenräumen und Einfahrten gebaut; nicht minder
bleibt aber im Intereſſe der Feuer-Sicherheit ſowie der
Annehmlichkeit und Geſundheit der Wohnungen zu wünſchen, daß künftig mehr als bisher auf die Erhaltung
grüner Plätze oder Gärten hinter den Häuſern innerhalb

61

der einzelnen Quartiere von feiten der Baupolizei Bedacht genommen und die Anhäufung von Hinter-Gebäuden vermieden werde."

Dann aber taucht der gefetzmäßig beftimmte Bauwich auf, die Einheit wird wie mit Beilhieben auseinandergefchlagen und durch die klaffenden Lücken fällt der Blick auf ekle Hinterhäufer.

Es darf felbft im Rahmen künftlerifcher Betrachtung nicht außer acht gelaffen werden, daß der Eaublock auch feiner inneren Geftaltung nach als einheitlicher Organismus gefaßt wurde. Die Hof- oder Gartengemeinfchaft innerhalb eines Blocks ift kein neues Ziel. Es mag genügen, hierfür einen alten Stadtplan von Ludwigsburg (Abb. 49) zum Zeugen anzurufen, der aus der Entftehungszeit der Stadt ftammt. Mit Sorgfalt und Nachdruck find die Innenräume des Blocks, hier Gärten, dunkel umrandet, und geben fo auf den erften Blick das richtige Verhältnis von Freifläche und Überbauung im Block an.

Rhythmus des Raumes

Im Prozeß des architektonifchen Geftaltens liegt das Streben nach Klärung der Beziehung einzelner Formwerte. Diefe Klärung ift eine Vergeiftigung und damit Faßbarmachung der toten Materie nach Seite ihrer Anfchaulichkeit. Denn für das Auge wird durch folches Inbeziehungfetzen die Aufnahme des baulichen Gebildes erleichtert, indem diefes, von dem klärenden Geftaltungsprozeß ergriffen, fich in fich gliedert und feine Gefamtwirkungsform für unfere Vorftellung aus einzelnen Abfchnitten entwickelt, die in künftlerifcher Kaufalität — fie ift eine andere wie begriffliche Kaufalität — zueinander ftehend nacheinander apperzipiert werden. Ift die Anordnung fo, daß ein Teil immer aus dem vorhergehenden fich entwickelt, durch ihn bedingt wird, ihn fortfetzt, für die Erfaffung des ganzen künftlerifchen Komplexes das Auge und die rezeptive Vorftellung diefe Entwicklung immer von neuem verfolgen muß, fo erlebt unfer Anfchauungsvermögen einen Bewegungsvorgang. Die Frage, ob die Vorftelluug eines folchen Bewegungsvorganges ftets an ein gewiffes Zeitmaß gebunden ift, oder ob er in der künftlerifchen Vorftellung trotz feiner einzelnen Abfchnitte fimultan fein kann, laffen wir hier außer acht, trotzdem fich hier vielleicht eine neue Perfpektive für die Kunftwiffenfchaft öffnet. Diefer Bewegungsvorgang erhält durch geordnete Gruppierung der Abfchnitte einen beftimmten Rhythmus. Rhythmus kann fowohl auf der Fläche in Abfchnitten, wie in dreidimenfionalen Gebilden plaftifch und räumlich fich darftellen. Wobei ich nicht verkennen will, daß zwifchen Flächenrhythmus und Körperrhythmus gewichtige Unterfchiede beftehen, die das Wort Rhythmus vielleicht beffer nur für den Körper auffparen, während man der Fläche gegenüber einzig von Proportionen fprechen könnte. Rhythmus ift eine höhere

Stufe der Relation, gewiſſermaßen die kriſtalliniſche Er-
ſcheinungsform der amorphen Bautenmaſſe.

Nun iſt der Rhythmus einzelner architektoniſcher Baukörper innerhalb der Stadt ebenſo wie ihre Relation
noch nicht Stadtbaukunſt an ſich, das heißt, ſie wirken
wohl in der Stadt, bilden aber noch nicht die ſchöne
Stadt. Denn dieſe iſt keine Anſammlung ſchöner Einzelheiten, nicht nur Ergebniſſe der Summe ihrer Architekturen, der bebauten Teile, ſondern auch der zwiſchen
dieſen liegenden freien Räume, der Straßen und Plätze.
Sie iſt durch und durch lebendiger Organismus, plaſtiſcher
und räumlicher Körper. Straßen und Plätze als positive
Gebilde aufzufaſſen, ſie als beſtimmt begrenzte Luft-
volumina ſtatt als formloſe Reſte zwiſchen Baublöcken
zu geben, ſie in gute Größenverhältniſſe zueinander zu
ſetzen, endlich ſogar rhythmiſche Funktionen in ihrer
Raummaſſe zum Ausdruck zu bringen, iſt höchſte architektoniſche Aufgabe im Stadtbau. Es iſt derjenige Ausdruck ſeiner Kunſt, der am unmittelbarſten auf den
Bewohner einer Stadt wirkt, denn deſſen eigene Körperlichkeit, die Baſis jeglichen räumlichen Empfindens, wird
ſich ſelbſt bewegend in dieſe rhythmiſche Bewegung hinein-
gezogen, erhöht, Fröhlichkeit und Stolz und Kraft erfüllen ſie. Der Bewohner ſtellt nicht nur den Rhythmus
vor, ſondern ſchafft ihn neu, vielleicht ſogar, ohne daß
der Rhythmus im Kunſtwerk ihm überhaupt Vorſtellung
wurde. Denn man kann rhythmiſche Empfindungen wach-
rufen, wenn man auf jemanden Zwang ausübt, die Ergebniſſe dieſer Empfindungen — in unſrem Fall des
Stadtplaners — körperlich-funktionell zu wiederholen.
Immer werden viele die unregelmäßig durcheinander-
gebauten, altertümlichen Städte den klaren Anlagen vor-
ziehen, denn es wird ihnen der Mut zu einer großen
Geſinnung fehlen. Sie bleiben lieber im Engbegrenzten
gleich gotiſchen Standbildern. Damit aber ſteht ihnen

64

50. Ludwigsburg — Innerer Schloßhof

kein endgültiges Werturteil über regelmäßige und unregelmäßige Anlagen zu.

Als ein einfaches und zugleich überaus ſchönes Beiſpiel von Raumrhythmus unter freiem Himmel ſei der
allſeitig umbaute Hof des Ludwigsburger Schloſſes bei
Stuttgart, von Johann Friedrich Retti 1704 begonnen und
von Guiseppe Frisoni vollendet, gewählt (Abb. 50). Die
wundervolle Relation in der Folge der ſeitlichen Faſſadenfluchten gegen den rückliegenden Mitteltrakt iſt gewonnen
im Empfinden für den Charakter des umſchloſſenen Hof-
raumes. Man betritt, auf herabführenden Treppen einen
Querbau durchſchreitend, dieſen Hofraum durch einen in
den Schloßhof vorſpringenden, gewölbten Portalbau, der
halbkreisförmige, mit Liebesgruppen und Blumenvaſen
geſchmückte Baluſtraden der Weite des Raumes wie
Arme ſehnſüchtig entgegenbreitet. Weit und noch ruhig

65

tritt diefer Raum auseinander, die feitlich faffenden Gebäude find niedrig und in ganz flachem Relief gehalten. In Abfätzen wird er zufammengenommen, die Gebäude wachfen, werden kräftiger in ihrer Plaftik, zu der Vertikalgliederung tritt die Horizontalgliederung durch Pilafter. Der Drang wird heftiger, der Atem geht kürzer. Am Ende dringt diefer Bewegungsftrom in das dunkle Portal des Mitteltrakts ein, wirft über ihm die Baumaffe in die Höhe, während feitliche Durchgänge den Überfchuß von Kraft ablenken. Bis zu körperlicher Sinnlichkeit ift die Funktion des Raumes gefteigert.

Die Faffaden, nicht nur den Baukörper ausdeutend — feit der italienifchen Renaiffance beginnt das Intereffe dafür langfam abzunehmen —, ftehen in engfter Beziehung zu dem Hofplatz, die Rhythmik feines Grundriffes von drei auf gleicher Achfe hintereinanderliegenden, fich verkleinernden Rechtecken durch umgekehrtes Steigern ihrer Höhendimenfionen ins Räumliche übertragend. Erft durch folche Beziehung der rahmenden Bauten erhalten die umfchloffenen Raumteile ihre volle rhythmifche Kontinuität: bei einem Grundriß gleich diefem würde eine gleichmäßige Faffadendurchbildung einen in fich bewegungslofen, weil richtungslofen, Raumkubus umfchließen, zufammenhanglofe Faffaden würden jede räumliche Wirkung vernichten.

Rhythmik beruht auf Teilung in Bewegungsabfchnitte. Eine Straße kann als Raum wirken, fie kann fogar durch ihre Perfpektive eine gleichmäßige Bewegung in die Tiefe erhalten, aber erft durch die Fixierung einzelner Abfchnitte wird fie rhythmifch gegliedert. Die Klofterftraße in Berlin (Abb. 51—53) folgt in ihrer Biegung der einftigen Umwallung. Die Parochialkirche, im Scheitel diefer in ihren wechfelnden Breiten fehr fein abgemeffenen Straße um 1700 erbaut, teilt fie in zwei Abfchnitte. Der Zufammenhang der Straße ift gewahrt, doch durch

66

Gewinnung eines optifchen
Schwerpunktes die Kurve gegliedert. Man kann an diefem
Beifpiel beobachten, wieviel
eine folche Erfcheinung durch
die Einführung neuerer archi-
tektonifcher Werte einbüßt.
Das Verhältnis der übrigen
Bauten ift in der alten Anficht
von der Königftraße her bis
auf einen Neubau derart, daß
fie fich völlig dem Turm unterordnen und er fo unumftritten
Richtungspunkt für die Perfpektive, Abfchnitt für den
Straßenraum wird. In der anderen Anficht von der Stralauer Straße aus gibt das
neue, große Verwaltungsge-
bäude der Stadt Berlin eine
fo wuchtige Akzentuierung des
Vordergrundes, daß die Bewegung in die Tiefe feftge-
halten wird, der Turm als
Markierung den Reft an Bedeutung verliert, den
ihm fpäter erbaute,
hohe Mietshäufer noch
gelaffen hatten. Das
Auge wird hin und her
gezogen, hier eine leb-
hafte Maffe, dort eine
ftark fprechende Sil-
houette. Gewiß haben
wirtfchaftliche Notwen-

König - Straße
Klofter - Straße
zum Blauen Kreuz
Parochial - Straße
Parochialb.
Stralauer - Str.

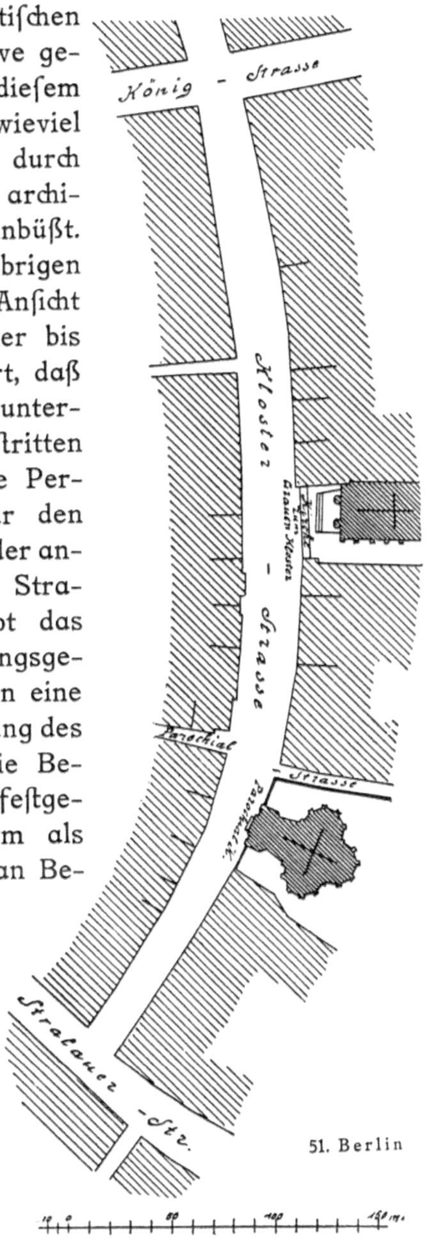

51. Berlin

52. Berlin — Kloſterſtraße mit Parochialkirche von Norden

digkeiten das Ausmaß des Berliner Verwaltungsgebäudes
beſtimmt, es ließe ſich auch darüber rechten, ob die
Kloſterkirche wirklich ſo viel Rückſichtnahme beanſpruchen
darf. Alles das hindert nicht, den endgültigen Effekt
als mißlungen zu bezeichnen, da es uns hier nur auf
unbeirrte künſtleriſche Kritik ankommt. Die übliche
Erſcheinung unſerer Straßen gibt eine Unzahl ſich auf-
hebender Einzelheiten ohne Zuſammenſchluß, geſchweige
denn Rhythmus, hier iſt das gleiche Reſultat durch nur
zwei hervorſpringende Wirkungselemente zuſtande gebracht. Das gegenſeitige Sichaufheben oder gar Sich-
niederlärmen iſt ein Kennzeichen der Großſtadtarchitektur
der jüngſten Zeit. Die Geſtaltungskraft — abſichtlich

68

53. Berlin — Kloſterſtraße von Süden

laſſe ich das Adjektiv „künſtleriſche" fort —, die damit
vergeudet wird, iſt ungeheuer.

Es wäre erwünſcht, daß Konſervatoren für die Erhaltung derartiger Situationen ſich einſetzten, ſtatt auf
eine oft kleinliche Bewahrung einzelner Architekturen
zu dringen. Solche Tätigkeit kommt mir vor, als wenn
man in einem großen Garten einzelne Blumen unter
Glasglocken ſtellt und die übrigen Anlagen von un-
verſtändigen Leuten zertreten läßt. Mit Bewahren von
Einzelheiten iſt nichts getan, wenn das Gefühl für den
architektoniſchen Zuſammenhang fehlt. Und kann etwas
nicht erhalten bleiben, ſo ſoll man die geopferten Werte
kennen, um ſinngemäß das Neue zu geſtalten. Womit

69

54. Caſſel — Wilhelmshöher Torplaß

wir aber keinesfalls der Bewahrung jedweder alten
Stadtbauſchönheit das Wort geredet haben wollen. Wenn
die Kraft zu Neuem vorhanden, dann ſei die Kraft des
Niederreißens fröhlich.

Gleiche Bedeutung im Straßenzug haben in dieſer
Zeit Triumphbogen, Pylonen, Anlagen wie die Königs-
kolonnaden in Berlin (Abb. 55). Sie ſollen Cäſur geben,
Anſaßpunkt für die Entwicklung des Straßenraumes.
Das Motiv erſcheint in Verbindung mit der Brücke beſonders ſchön und fixiert den Punkt, wo ſich die Alt-
ſtadtſtraße in die neuen Straßen der öſtlichen Vorſtadt
auseinanderſpaltet. Häufig hat die Zeit das Motiv des
Torhauspaars gewählt. Faſt alle Städte, in denen um
1800 etwas architektoniſches Leben rege war, können
dafür Beiſpiele beibringen, die allerdings mehr und mehr
durch angebliche neuzeitliche Verkehrsanforderungen
fallen. Beſonders hübſch in Karlsruhe das Mühl-
70

55. Berlin — Königsbrücke und Kolonnaden nach einem Gemälde von E. Gärtner 1832

56. Erlangen — Richthäuſer am Holzmarkt

burger Tor, in Caſſel die Torgebäude am Wilhelmshöher Platz (Abb. 54).

Es wird auf dieſe Weiſe die einfachſte Art rhyth-
miſcher Einteilung erreicht. Begrenzungen der Straßen-
abſchnitte nach den anderen Seiten bleiben dabei der
Perſpektive überlaſſen. Erſt durch eine feſte und be-
ſtimmte architektoniſche Begrenzung verſchiedener Abſchnitte hintereinander verwandelt ſich die rhythmiſche
Teilung in rhythmiſche Reihung. Der Grundriß der
Hauptſtraße von Erlangen (Abb. 56, 57 und Faltplan VII)
zeigt eine wechſelnde Folge von Straßenabſchnitten und
von Rechteckplätzen, deren Achſen durch beherrſchende
Monumentalbauten von Kirche und Schloß ſenkrecht zur
Straßenachſe orientiert ſind. Ausſchlaggebend für die
Überſetzung dieſes rhythmiſchen Planes ins Räumliche iſt
die Betonung der Straßenecken durch „Richthäuſer“, in
ihren Faſſaden und Grundrißdispoſitionen gleichmäßig
geſtaltete Bauwürfel, die um ein geringes über die
Straßenflucht vorſpringen. Die optiſche Täuſchung, als

72

Haupt - Strasse
Schloss-
Platz
Haupt - Strasse
Holz=
Markt
10 0   50   100   150 m.

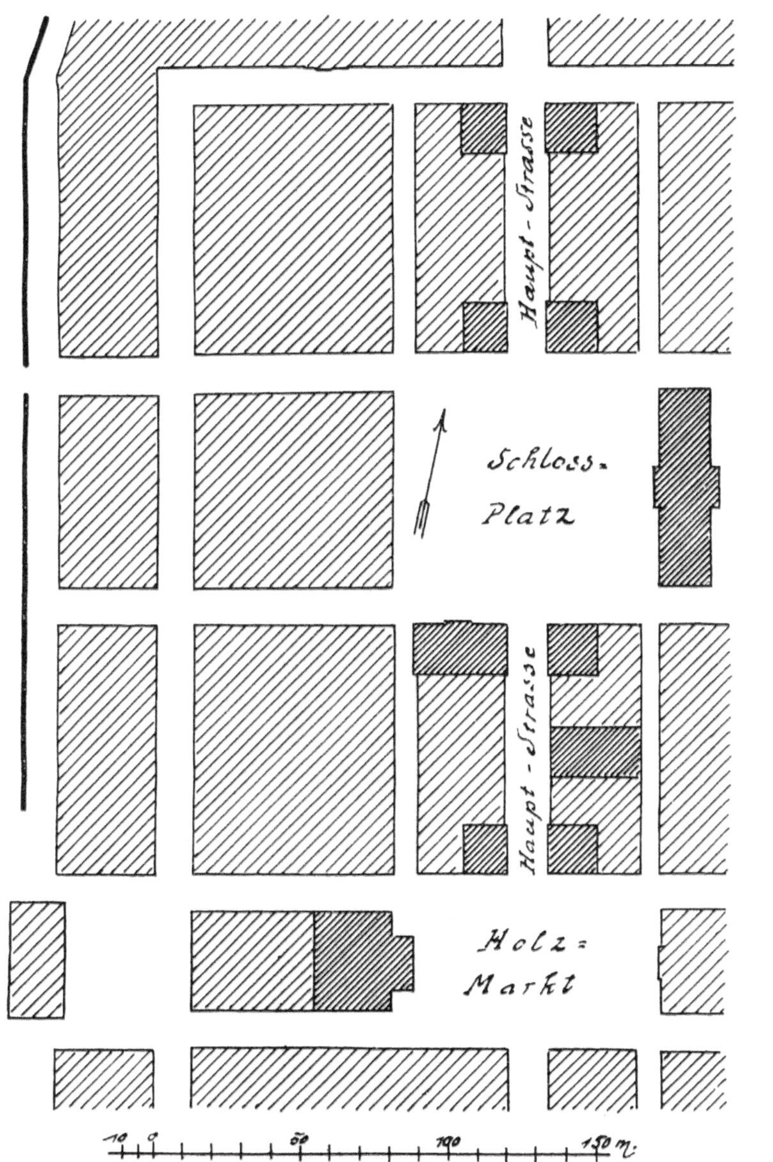

57. Erlangen

ob die Straßenabfchnitte fich nach ihrer Mitte zu bufig
dehnten, befteht nicht nur auf dem Papier. Diefe Richt-
häufer geben Teilung und Bindung der fich folgenden,

74

Nicolai Kirche
Am alten Markt
Königliches Stadtschloss
Am neuen Markt
Strasse
Canal
Anlage
Canal
Garnisonkirche
Breite

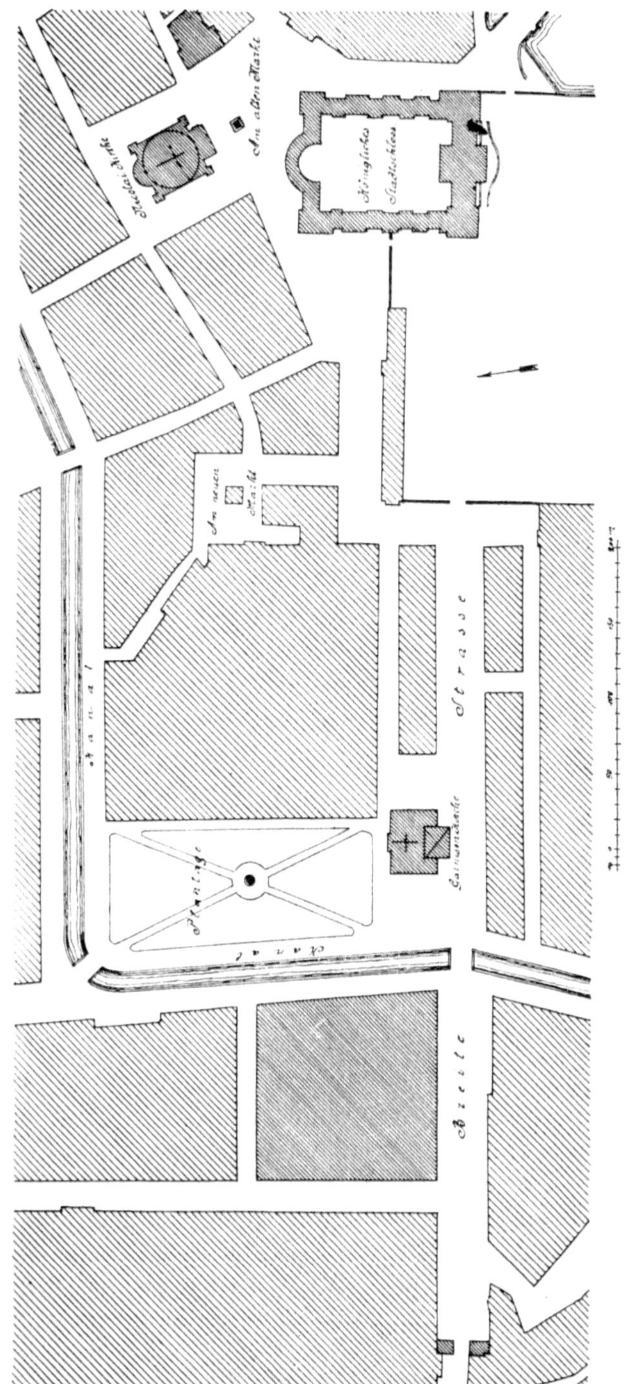

59. Potsdam

wechſelnd dimenſionierten Räume. Eine Teilung, inſofern
ihr kräftiger Kubus das Gelenk zwiſchen Platz und Straße
markiert, eine Bindung, da ihre beiden gleichen Fronten
die gute Überleitung zwiſchen dieſen Räumen bilden.
Das Vorwärtskommen geſchieht in einzelnen Abſätzen,
jeder Raumteil bleibt im Zuſammenhang mit dem Ganzen
ſelbſtändig. Es tritt die durch Situierung der Monumentalbauten bedingte, verſchiedene Achſenrichtung hinzu, die
den Eindruck noch reicher macht, das heißt reicher für
ein erzogenes architektoniſches Empfinden, denn die Erſcheinung iſt nur ſchlicht, da der Aufbau dieſer Stadt
mit den beſcheidenſten Mitteln rechnen mußte.

Baſis für die Entwicklung der Breiten Straße von
Potsdam (Abb. 58—61) iſt der kolonnadenumgebene Platz
des Stadtſchloſſes (1667—82), der in einem mit Marmor-
figuren geſchmückten Luſtgarten gegen den Havelfluß
ausläuft. Der beherrſchende Bau im erſten Teil dieſer
Straße iſt die Garniſonkirche von Gerlach (1730—35), deren
Turm, in rhythmiſchen Abſätzen bis zu einer Höhe von
90 m ſich aufbauend, in die Straße vorſpringt. Die
Straßenwandungen ſtehen zum Turmbau in einem vor-
teilhaften Verhältnis und einen ſich mit ihm zu einer
guten Kontur. Durch ſeinen gegen den Zug der Straße
ſtehenden Flächenwiderſtand geſtaltet er den erſten Raum-
abſchnitt. Die Perſpektive der Ferne lockt das Auge weiter,
es läuft um den Turmbau herum, erfaßte ihn als kubiſche
Form. Der Eindruck dieſer kubiſchen Form, die ſich ſo
aus dem Verhältnis zur Umgebung entwickelt, wird ver-
ſtärkt durch die Wendung dieſes wie der übrigen Hauptgebäude der Geſamtſituation nach Süden, die eine reichere
Modellierung ihrer Oberfläche in Sonnenlicht und Schlag-
ſchatten herausbringt. Man ſpürt die Wohligkeit dieſes
Kirchenbaues bei ſeiner Exiſtenz im Raum und in ſeiner
raumbildenden Kraft. Ein kurzes Stück weiter über-
ſpannt die Straße ſich zuſammenziehend als Brücke in

76

60. Potsdam — Breite Straße mit Brücke und Militärwaiſenhaus

leichter Niveauhebung den Kanal, deffen dunkler, lebendiger Wafferlauf einen kräftigen Querfchnitt macht. Die Skulpturen auf den feitlichen Geländern tragen die Wirkung der neuen Cäfur in die Ferne. Jetzt weitet fich die Straße, die fchon vor dem Kanal rechter Hand fich öffnete, auch nach links, und die freiere Situation nutzen die Gebäude des Großen Militärwaifenhaufes mit dem neuklaffiziftifchen Gontardfchen viergefchoffigen Eckbau (1771—78). Den Schluß des Straßenzuges bilden die Bronzeadler tragenden Obelisken des Neuftädter Tores, deren fcharfe Silhouetten fchon von weit her der Straße ein feftliches Ziel geben. Doch auch in umgekehrter Folge, aus den Parkanlagen durchs Tor tretend, über die Brücke hin gegen den Kirchturm und fchließlich fich weitend zum Schloßvorplatz beweift der bauliche Rhythmus diefer Anlage feine Kraft, fo fich von dem mufikalifchen, einfeitig gerichteten und ftets im Zeitablauf fich entwickelnden unterfcheidend. Jahrzehnte ift an diefer Situation geftaltet worden, aber energifches Empfinden für Zufammenfchluß hat die einzelnen Glieder durchdrungen. Diefer männliche Geift der künftlerifchen Konzeption dehnt und ftärkt in der Betrachtung unfere eigene Körperlichkeit, wir empfinden Innervation durch den baulichen Rhythmus. Wie wir von einer heroifchen Landfchaftsmalerei reden, könnten wir von einer heroifchen Stadtbaukunft fprechen, welche die Vitalität fteigert und ein ftädtifches Gefchlecht mit großen Gefinnungen und ftarken Handlungen erzeugt.

Die künftlerifche Realität ift in diefem Fall die große kubifche Klarheit. Wird folch Lebendigwerden des Raumes von dem Laien ganz allgemein als etwas Befreiendes empfunden, fo hat das künftlerifche Erfaffen den Ausdruck auf feine Wirkungsfaktoren hin zu analyfieren. Dann wird der Architekt, von folchen Raumerlebniffen erfüllt, fie unter neuen Bedingungen neu geftalten können.

61. Potsdam — Breite Straße von Weſten gegen Garniſonskirche

Die Behandlung des Stadtbauproblems durch Soziologen, Nationalökonomen, Verkehrstechniker, Hygieniker ergibt nur einen zugerüfteten Rohftoff. Gelangt diefer Rohftoff in praktifcher Form zum Ausdruck, fo wird unfer Verftand befriedigt, nicht aber unfer künftlerifches Gefühl. Für diefes haben felbft unfere jüngften Stadtanlagen, die fich doch bewußt in Gegenfatz zu den fchematifchen Arbeiten der vorhergehenden Zeit fetzen wollen, noch nicht genügend gearbeitet, — doch ift feit dem erften Erfcheinen diefes Buchs mancher Fortfchritt zu verzeichnen gewefen.

Der Berliner Wilhelmplatz (Abb. 62) hat bis vor kurzem in feiner Nordweftecke ein Bild aus dem achtzehnten Jahrhundert bewahrt, das nun auch ftark beeinträchtigt ift. Den rechteckigen Platz durchzieht an feiner Bafis die Wilhelmftraße, an deren Ausgangsftelle linker Hand der Ehrenhof eines Palais liegt. Diefer bildet als Rechteck die kleinere Wiederholung des Platzes. So ift durch Gruppierung abgeftufter Raumgrößen, die fich in den Hauskuben wiederholen, für das Auge eine fanfte Überleitung vom Platz zur Straße gegeben. Gewiß wird eine folche Situation zufällig entftanden fein, fie ift darum nicht weniger gut und für eine ftark intellektuell arbeitende Zeit bemerkenswert, denn auch im Stadtbau können neben Erfindungen Entdeckungen gemacht werden. Alle die feinen Bedingungen einer folchen Platzwirkung hätten erkannt fein müffen, als man an eine Umgeftaltung an diefer Stelle ging. Denn zugegeben, daß es unmöglich war, diefe Situation für immer ungeftört zu wahren, brauchen darum doch nicht fpätere Schöpfungen ihren Lebensnerv fchwer zu verletzen oder gar zu zerreißen.

Das fchöne Gegenftück folcher Gruppierung gibt der Domplatz von Münfter in Weftfalen (Abb. 63). Durch die Turmfront des Domes ift das Gewicht des Platzes in die Nordweftecke gefchoben gegen die dort auslaufende

62. Berlin — Nordwestecke des Wilhelmplatzes

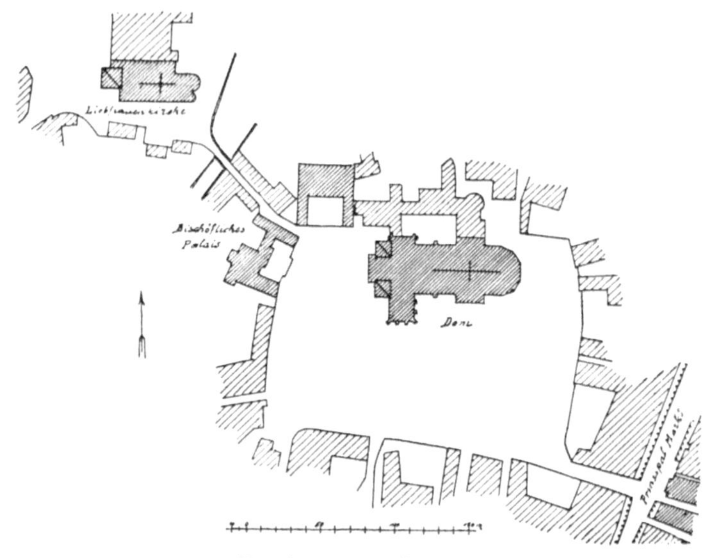

63. Münſter i. W. — Domplaҭ

Straße ſenkt ſich das Plaҭniveau beträchtlich, und als
Blickpunkt ſtellt ſich der prächtige Turm der Liebfrauen-
kirche in das Straßenprofil ein. Die Bewegung wird aber
durch die beiden Ehrenhöfe rechts (1716) und links (1732)
am Plaҭausgang nochmals rhythmiſch interpunktiert.
Ihre weite Öffnung fängt die Bewegung auf und gibt
ſie erſt frei, nachdem ſie mit dem bereichernden Raum-
annex verbunden iſt. Die Raumwirkung ähnelt derjenigen, die ſich aus der Einfügung eines Querſchiffes
für Verbindung von Hauptſchiff und Chor einer Kirche
ergibt, nur hat die kirchliche Baukunſt noch nie den
grandioſen Verſuch gemacht, die Querhausflügel nicht
ſenkrecht, ſondern ſchräg zur Tiefenachſe zu ſtellen. Der
rechtsliegende Hof iſt durch Zuſammenbau zweier Einzel-
häuſer gewonnen, eine Form, die man in dieſer Zeit
häufig trifft: man gibt die Individualität des Kleinen auf,
um eine größere Wirkung im Stadtbild zu gewinnen.

Die Baugeſchichte der Berliner Friedrichſtadt (Abb. 64),

82

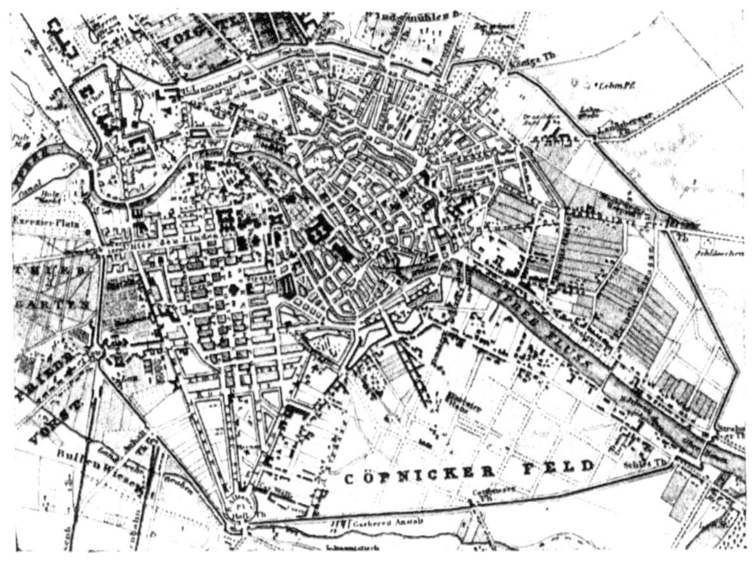

64. Berlin mit der Friedrichsſtadt um 1800

in welcher der oben angeführte Wilhelmsplaҭ liegt, iſt,
im weſentlichen den Angaben Beckmanns handſchrift-
licher Chronik von Berlin auf der Rathausbibliothek und
Nicolais Beſchreibung der königlichen Reſidenzſtädte
Berlin und Potsdam, Berlin 1786, folgend, kurz dieſe:
Um 1650 war durch Prinz Moriҭ von Oranien nach dem
Beiſpiel der Stadt Cleve an Stelle des Lüҭzower Weges
die Lindenallee mit drei Reihen Bäume auf jeder Seite
angelegt worden; nördlich dieſer wurden von der Kur-
fürſtin Dorothea den franzöſiſchen Refugiés Grundſtücke
zur Bebauung umſonſt überlaſſen. Bleſendorf hatte den
Bebauungsplan entworfen und die Straßen abgeſteckt.
1668 waren drei Quer- und zwei Parallelſtraßen fertig,
die bis zur heutigen Schadowſtraße liefen. Schon 1688
wurden auf dem ſüdlichen ſandigen Gelände nach dem
von Behr und Nehring entworfenen Bebauungsplan Bau-
pläҭze unentgeltlich angewieſen. Alle Häuſer mußten

83

nach eigenen Zeichnungen Nehrings oder doch nach von
ihm gebilligten ausgeführt werden. 1693 ftanden bereits
an 400 Häufer und 1700 wurde auf die emporblühende
Friedrichftadt eine Medaille gefchlagen. Mit dem Ab-
flauen des Zuzuges ging naturgemäß auch der Baueifer
zurück, und nun folgten fich hintereinander die fcharfen
Ermahnungen der Könige Friedrich I. und Friedrich
Wilhelm I., die ihre weitlaufenden Pläne fo bald wie
möglich verwirklicht fehen wollten. In einer Verordnung
vom 12. Januar 1712 hieß es: „daß ein jeder der Eigentümer ohne den geringften Zeitverluft feines bezeigten
Ungehorfams halber 1 Thlr. Strafe ad pias causas fofort
erlegen follte, mit der nachdrücklichen Vermahnung, daß
der- oder diejenige, welche nach obiger vorerft gelinden
Strafe fernere Nachläffigkeit fpüren laffen und zu forder-
famften Bauung ihrer innehabenden Plätze keine Anftalt
machen würden, höhere Strafe oder gar zu gewärtigen
hätten, daß von ihnen als ungehorfamen Bürgern alle
bürgerlichen onera gefordert würden". Und 1725 wurde
den Grundbefitzern die Alternative geftellt, entweder
follten fie bauen, oder die Plätze würden ihnen ohne
Entfchädigung genommen. 1732 wurde der Bebauungsplan der Friedrichftadt auf ihren jetzigen Umfang erweitert.

Der Zwang auf wohlhabende Bürger zum Bauen,
Schenkungen an Material und Geld, Bewilligung von
Privilegien auf die errichteten Häufer, die jedem kleinen
Bürgersmann das Bauen eine vorteilhafte Spekulation
erfcheinen ließen, führten zu einer unfoliden, kunftlofen
Bauproduktion. Erft im letzten Drittel der Regierung
Friedrichs II. befferten fich langfam diefe Zuftände, mochte
er auch Potsdam feine Hauptneigung bewahren. Darin
lag fogar ein Vorteil für Berlin, denn während der König
aus Vorlagewerken, wenn auch nicht ohne eigene innere
künftlerifche Entwicklung von Knobelsdorff über Gontard
zu Unger, den Potsdamer Bauftil feftfetzte, das archi-
84

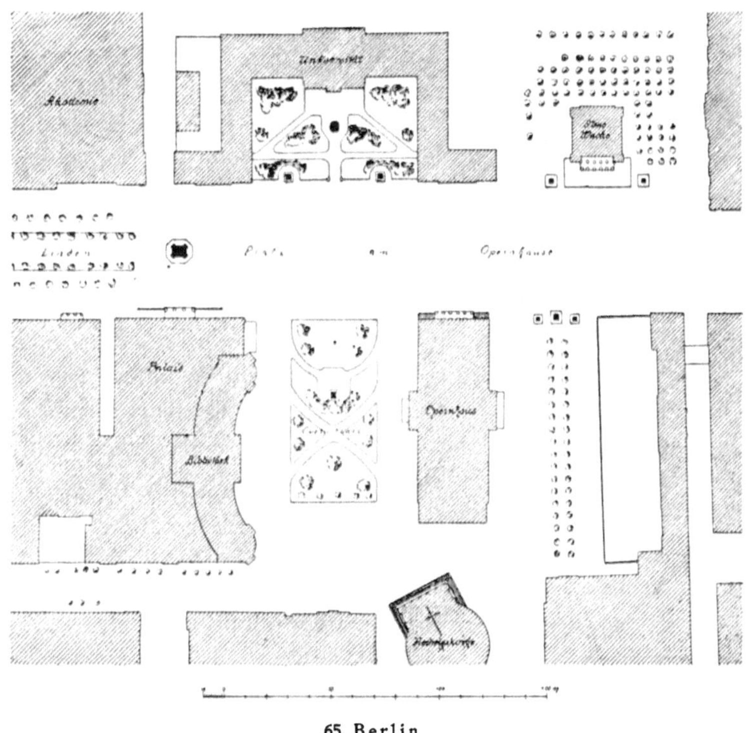

65. Berlin

tektonifche Schaffen der Stadt mit feinem Hinfcheiden
ftillftand, entwickelte fich in Berlin durch Gontard, Unger,
Becherer, Langhans, die Gillys aus der Summe aller
Einflüffe ein eigener Bauftil.

Friedrich der Große wollte die Friedrichftadt (Abb. 64)
nicht nur ausgebaut fehen, fondern wünfchte den Quali-
tätsdurchfchnitt ihrer Häufer zu heben, ihre Plätze zu
feftlichen Anlagen umzuwandeln. Die beiden vornehm-
lichften find der anläßlich des Bourdetfchen Projektes
fchon erwähnte Gendarmenmarkt (Abb. 16, 122 und 123)
und die Platzgruppe am Opernhaus (Abb. 65 und 66).
Diefe Anlage geht zurück auf das Knobelsdorfffche
Projekt eines Forum Fredericianum, das als Finale der

85

Lindenallee und als Überleitung zu den Bauten des
Zeughaufes und des Schloffes gedacht war. Sie befteht
aus dem Platz am Opernhaus und dem Opernplatz, ift
alfo eine Platzgruppe. An ihr ift zu bemerken, daß die
Univerfität, das einftige Palais des Prinzen Heinrich, in
ihrer äußeren Erfcheinung an das Opernhaus fich an-
fchließt und mit ihm fluchtend in ihrer Cour d'honneur
den Ausklang des einen Platzes jenfeits des anderen
gibt. In diefer Durcheinanderfchiebung beider Plätze liegt
die barocke Stimmung der Situation. Platzgruppen der
älteren Stadtbaukunft find in fich ohne tieferen architektonifchen Zufammenhang, ihr Größenverhältnis zueinander ift kein beftimmtes, und erft der römifche
Barock bemühte fich um einen kaufalen Zufammenhang
zwifchen einer Folge von Plätzen. Für die Straße Unter
den Linden wirkt diefe Platzgruppe wie ein Aufatmen,
ein Armausbreiten. Spielend leicht bringt fich der Platz
am Opernhaus diefer Straße gegenüber zur Geltung, obgleich er diefelbe Breite hat, einmal, da diefe durch die
Baumallee gefüllt wird, dann vorzüglich durch die
energifche Querachfe des Opernplatzes. Die Wirkung
hat unfere Zeit durch die finnlofe Zuftopfung diefes
Platzes zugunften eines jämmerlichen Denkmalfigürchens
und des Univerfitätshofes zugunften einer heterogenen
Gelehrtenverfammlung aus Marmor und Bronze, natura-
liftifch und ftilifiert, vernichtet, der Rhythmus der Situation
ift verloren. So kläglich ift der Eindruck wie der eines
fchönen Menfchen, dem die Arme amputiert find und der
zwei Stumpfe emporhebt. Sollte es nicht möglich fein,
in einer Zeit der republikanifchen Verfaffung wenigftens
den Opernplatz von Denkmal, Büfchen, Bäumchen und
künftlichem Hügel zu befreien und den Platz als fchöne
Fläche herzuftellen, wie fie noch Lithographien aus der
Mitte des vorigen Jahrhunderts zeigen?
Noch Schinkel gab, als die Errichtung eines Denkmals

66. Berlin — Platz am Opernhaus mit den Linden nach einem Gemälde von F. Krüger 1839

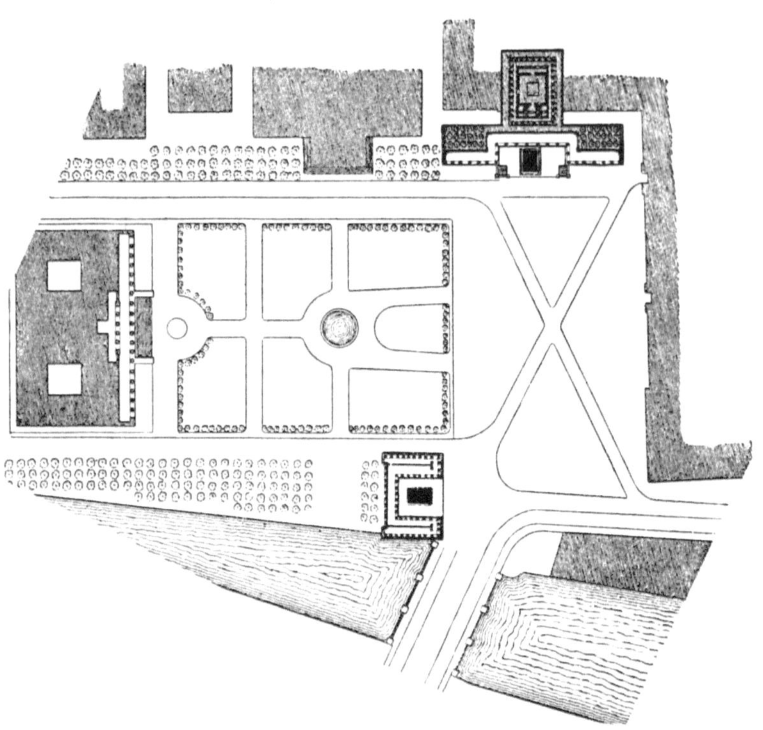

67. Berlin — Entwürfe Schinkels für ein Denkmal Friedrichs d. Gr.

für Friedrich den Großen in Ausſicht genommen war, Projekte, die auf den Abſchluß dieſer großen Raumrhythmen nach dem Schloß zu ausgehen. Man findet ſie publiziert in der neuen Ausgabe der Schinkelentwürfe, Berlin 1866 (Abb. 67). Das Projekt geht von der Aufſtellung eines Reitermonuments für den König, das in ſeinem unteren Teil von einer Säulenhalle umſchloſſen war, links am Kopf der Schloßbrücke aus. Sein Verhältnis zum Schinkelſchen Muſeum und zum alten Dom hätte eine Situation geſchaffen, die an die raumbildende Aufſtellung des Colleoni in Venedig erinnert, die von mir in dem 1908 erſchienenen Buch „Platz und Monument" (II. A. 1912) beſprochen iſt. Hier ſteht das Königsdenkmal

als Stirnpfeiler einer breiten Baummauer, die den Platz
gegen den Spreekanal befeſtigt, Durchblick laſſend vom
Opernplatz gegen das Domportal. Die gegenüberliegende
Platzwandung iſt durch Baumpflanzungen regelmäßig geſtaltet. Man ſtelle ſich vor, wie ſich mit ihr der Aufbau
des alten Doms und ſein vortretendes Säulenportal ver-
band: eine rhythmiſche Maſſenaufſchichtung entſtand, wie
ſie Schinkel in gleichem Empfinden für ſein Schauſpiel-
haus gewonnen hat. Der innere Platzraum iſt durch eine
niedrige Buſchpflanzung befeſtigt, die Raſenfläche wird
von wohlgeordneten Wegen aufgeteilt. Ein Fontänen-
becken legt ſich als Spiegel in die Achſe der Hauptgebäude, damit den Platzmittelpunkt verlaſſend, ſich aber
beſſer einſtellend auf den geſamten freien Raum bis zum
Schloß. Dieſe Wirkung mußte beſonders zur Geltung
kommen, wenn der Springſtrahl ſeinen weißen Giſcht

89

hoch in die Luft warf. Ein andres Projekt fah die Anlage des Denkmals in der leicht abgebogenen Achfe der Brücke neben dem Schloß vor. Hier war Schinkel bemüht, die richtigen Relationen zum Schloß unter voller Entfaltung der klaffiziftifchen Formen zu finden.

Unfere Zeit hat durch einen großen Bau den architektonifchen Zufammenhang gefprengt. Der neue Dom verweigert Verpflichtungen, denen jedes neue Gebäude feiner Umgebung gegenüber fich zu unterziehen hat, wenn diefe Umgebung wertvoll ift. Hier find die Proportionen und das Zufammenmaß der beften Bauten von Schlüter und Schinkel, die Berlin befitzt, für immer zerftört. Überdies zeigt feine erfte Anficht vom Platz am Opernhaus her, die geradezu nach einem achfialen Durchblick drängte, daß für feine eigene Wirkung einfachfte Grundforderungen nicht beachtet find und mit Buden, Anfchlagfäulen wie anderen peinlich wirkenden Dingen feine Anficht verftellt ift (Abb. 68). Man hat durch Anlage einer unterirdifchen Latrine eine wefentliche Verbefferung vorgenommen, aber doch nicht den Mut gezeigt, mit diefen Dingen gänzlich aufzuräumen.

Bei der Umgeftaltung der Neuftadt Dresdens wurden die Haupt- und die Königftraße, beide breit und grade ausgerichtet, als Gerüft diefes Stadtteils angenommen. Die Hauptftraße (Abb. 69) fchildert Johann Chriftian Hafche als „fehr beliebte Promenade bey heitern Abenden für beide Gefchlechter, die fleißig befucht wird, zumal da das Frauenzimmer hier im Negligée erfcheinen kann, welches ihnen allerliebft fteht, und das muntere leichte franzöfifche Ausfehen giebt, das man den Deutfchen fonft zur Unzeit abfpricht. Die Allee ift nur für Fußgänger auf beiden Seiten mit hölzernem Geländer umfaßt, was fteinerne Säulen tragen. Hier und da find fteinerne Ruhebänke angebracht . . . . und ift die Allee ein wefentlich Stück einer fchönen und gefunden Stadt." Diefe

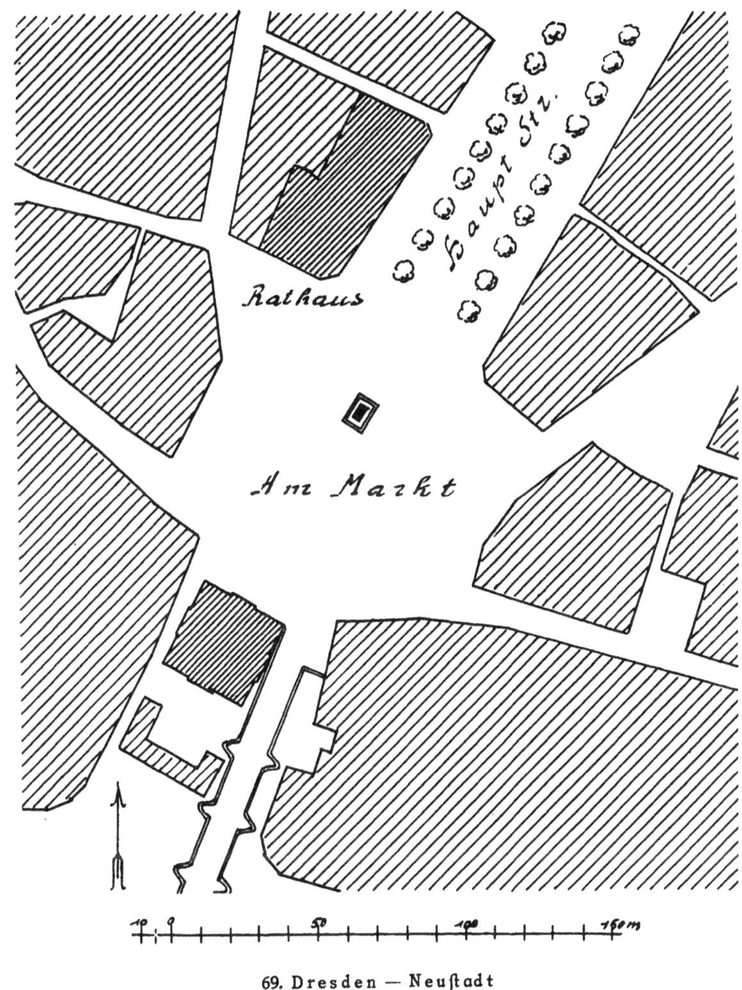

69. Dresden — Neuſtadt

Hauptſtraße mündet in den Markt und läuft in ihrer Achſenrichtung gegen ein monumentales, im Grunde des Platzes iſoliert ſtehendes Gebäude aus, das jetzige Kriegsminiſterium, während die Auguſtusbrücke (1727—31) gegen die Seite verſchoben iſt. Ohne den Flächenwiderſtand dieſes Gebäudes gegen die Hauptbewegung der Straße

91

würden die räumlichen Funktionen des Platzes zu gering gewesen sein, um gegen deren Breite von 55 m sich halten zu können. Sie würde ihn überrannt haben. Die Bedeutung dieses Gebäudes und damit die Wirksamkeit des Platzes wird dadurch verstärkt, daß auch die andren, in regelmäßiger Anordnung einmündenden Straßen von etwa ein Fünftel Breite der Hauptstraße es als Blickpunkt annehmen. Die Richtung des in Kupfer getriebenen, vergoldeten Reitermonuments Augusts des Starken von Wiedemann (1735) gegen das Gebäude betont dessen Wichtigkeit, ebenso vorteilhaft für die tiefe Allee aus dieser hervorreitend. Um den beabsichtigten Eindruck richtig beurteilen zu können, muß man sich die umgebenden Häuser von gleichen Höhen und Fassaden denken. Diese verschiedenen, doch unter sich zusammenhängenden Platz- und Straßenformen bilden keine Folge wechselnder Größen hintereinander, sondern zentralisieren eine rhythmische Gruppierung um einen Hauptraum. Damit stellte sich die Stadtbaukunst eine neue, ganz bedeutende Aufgabe, ohne allerdings die völlig geklärte Lösung zu erreichen. Daß ein solches Problem überhaupt besteht und noch einen Reichtum von Möglichkeiten birgt, ahnt unsere Zeit kaum. Man spreche hier nicht von mangelnder Geschlossenheit: durchaus behauptet sich dieser Hauptraum, die Straßen wirken nicht als Löcher in seinen Wandungen, durch die sein Gehalt entgleitet. Man entdeckt, daß es gar nicht auf tatsächliche Geschlossenheit der Platzwandungen ankommt, man den Platzraum nicht klosterhofartig zu ummauern braucht, um, wie Camillo Sitte es meinte, den Eindruck einer geschlossenen Wirkung zu erreichen, wenn nur die raumbildenden Funktionen widerstandsfähig genug sind. Indem endlich sämtliche Straßen auf das Gebäude im Platzgrund zusammengeführt werden, wird für dasselbe ein umfassender Ausblick aus seinen Fenstern gewonnen. Und dieser weite

92

Ausblick ist für einen Stadtpalast wertvoll, denn er gibt dem Besitzer wirklich das Gefühl, in einem Haufe zu wohnen, das die Situation beherrscht.

Mit dem Beginn des neunzehnten Jahrhunderts verflüchtigt sich der architektonische Esprit. Man möchte von einem allmählichen Erkalten sprechen, das zu einer Eiszeit führt, in der alles architektonisch-räumliche Empfinden erstarrt. Bei der Entstehung des Münchener Odeonsplatzes an der Ludwigstraße (Abb. 70—72) spielt allerdings der Zufall mit, sein Ausbau ist jedoch für die Zeit charakteristisch. 1816 wurde das Schwabinger Tor am Anfang der heutigen Fürstenstraße abgebrochen und im folgenden Jahre, als die Ludwigstraße noch nicht festgelegt war, führte L. v. Klenze das Leuchtenbergpalais auf. 1825 wird auf königlichen Wunsch dem Palais südlich gegenüber in gleichem Stil das Odeon und beiden Bauten entsprechend auf der andren Seite der Ludwigstraße der Bazar vor dem Hofgarten ebenfalls von L. v. Klenze erbaut. Also ein gleiches Motiv, wie es die Platzgruppe am Berliner Opernhaus (Abb. 65) gibt: vor dem Auslaufen der Straße in einen architektonisch hervorgehobenen Platz — in München der Theatiner Kirchplatz — wird in sie ein Querplatz eingeschoben, um eine rhythmische Raumfolge zu bilden. Ein Vergleich der Grundrisse zeigt, wie das Motiv gänzlich verflacht wurde. Die rahmenden Häuser gehen nicht mehr recht zusammen. Während in Berlin die Höhenverhältnisse der Univerfität dem Opernhaus gegenüber gesteigert sind, um dem kleineren Platzabschnitt Nachdruck zu geben, ist in München der Bazar zusammengeschrumpft und als Perspektive der in der Achse dieses Querplatzes einmündenden Straße ungenügend (Abb. 71). Zudem retardieren die schweren Portale der höheren Bauten die Bewegung, der Platzraum entwickelt sich nicht aus der Straße, da der Schwerpunkt in dieser liegt.

70. München — Odeonsplatz mit Leuchtenbergpalais

71. München — Odeonsplatz mit Bazar

Odeons-
Platz
Wittelsbacher-
Platz
Theatiner
Kirche
Feldherrnhalle
10   0   50   100   150 m

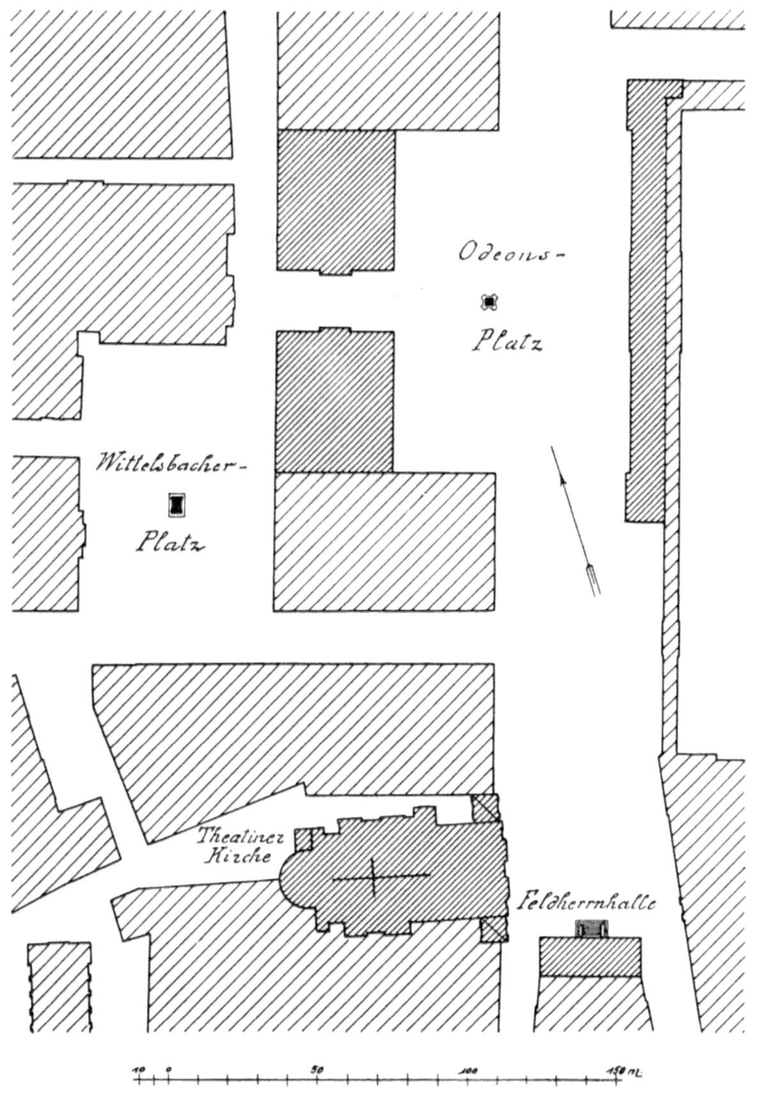

72. München

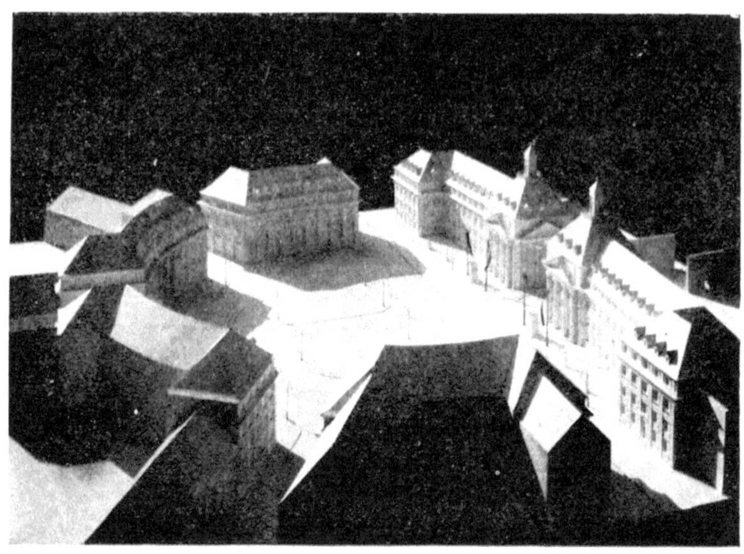

73. Karlsruhe i. B. — Entwurf für den Ettlinger Torplatz 1913

Dem Gedächtnis eines im Kriege gefallenen, hoch-
begabten jüngeren Architekten mag es zugeftanden werden,
wenn das letzte Beifpiel diefes Kapitels bis in unfere
Zeit hinaufgreift. Hiftorifch ift auch diefer Entwurf, denn
die Mittel werden auf lange hinaus fehlen, derartige
Entwürfe zu verwirklichen. Doch ließe fich wohl denken,
den Gedanken der rhythmifchen Raumentwicklung in
fchlichteren Formen beizubehalten, ift auch für Karlsruhe die Gelegenheit dazu endgültig verpaßt. Hier geftaltete zu Anfang des neunzehnten Jahrhunderts Weinbrenner die beherrfchende rhythmifch gegliederte Achfe
der Stadt (Faltplan VIII). Als Abfchluß der ganzen Raum-
abfolge fah er das Halbrund am Ettlinger Tor vor, dort,
wo die alte Stadt in die landfchaftliche Umgebung aus-
lief. Die Stadt ift längft über diefe Grenzen hinaus ge-
gewachfen, und fo konnte Hans Schmidt mit Recht die
Anlage eines bedeutenden Architekturplatzes fordern, der
96

als Abſchluß der vom Schloß ausſtrahlenden Achſe zu
gelten hat (Abb. 73). Mit Beſonnenheit und tiefem künſtleriſchen Gefühl ſind in Relation und Rhythmus die ſtets
gültigen Geſetze deutſcher Stadtbaukunſt in der Vergangenheit, beachtet, neugeformt von einem Architekten
unſerer Zeit, befeindet und ſchließlich zum Scheitern gebracht von andren Architekten unſerer Zeit — nomina
sunt odiosa —, deren Einwirkung das heutige Ergebnis
wirkungslos verzettelter Monumentalbauten zu danken iſt.

Rhythmus verlangt gewiſſe Regelmäßigkeit, immer
aber Abſichtlichkeit. Er wird ſich daher vorwiegend in
Stadtanlagen finden, die über einem vorentworfenen Bebauungsplan entſtanden oder doch von einer ſpäteren
Zeit ſtark korrigiert ſind. Rhythmus iſt das künſtleriſche
Geſetz des bedachten Arbeitens im Stadtbau, er wird
nicht wie die ſogenannte maleriſche Geſtaltung einen
ſteten und ängſtlichen Kampf zwiſchen Planung und Ausbau durchzufechten haben. Ihm genügt eine gemäßigte
Lenkung, um die im Bebauungsplan niedergelegten Abſichten zu realiſieren.

Straße und Perfpektive

Der Charakter der Straße als architektonifche Form ift der eines bald eiliger, bald langfamer, oft in Abfätzen, ftets aber ohne Aufenthalte fich entwickelnden Raumes. Seine Bewegung verlangt eine entfprechende Faffung, an der das Auge entlang gleiten kann, die es womöglich in die Tiefe zieht. Erft der Platz, auf den die Straße mündet, ift der Aufenthaltsort, der in feiner architektonifchen Faffung retardierend wirken darf, wo der Blick fich weit umtun kann.

Das Dorf kennt keine Straßen, nur Wege. Diefe entftehen, abgefehen von den durchgehenden Verkehrsftraßen, ruckweife, von Haus zu Haus fpringend. Der Dorfweg hat keine räumliche Selbftändigkeit, jeglicher Akzent liegt auf den Bauten, auf der Plaftik des einzelnen Haufes, dem Durcheinander von Geformtem und Lockerem (Abb. 74). Die tiefere Urfache, warum gerade heute uns folche Bildungen anfprechen, während man anderthalb Jahrhunderte früher nur den amas de maisons entassées pêle-mêle tadelte, ift deren individuelles, natürliches Gebaren, und das impreffioniftifch-fchöpferifche Empfinden des Betrachters freudig anregend ihr Herausringen aus der Natur zur architektonifchen Geftaltung, während elegifch der umgekehrte Prozeß an einer zerfallenden Ruine ftimmt.

Die Entwicklung der Straße hängt von der Ausbildung des Baublocks ab. Erft durch die Einheit der Wandungen tritt die Straße in Erfcheinung, wird, ganz gleich ob grade oder leicht gebogen, ein beftimmtes Gebilde mit räumlicher Wirkung. Diefes Streben nach Einordnung des einzelnen Haufes zugunften der Straße macht fich bereits an dörfifchen Hauptwegen bemerkbar, die Zeit fchleift allmählich eine klare Form heraus. Die Hausfaffade, weiter gefaßt die Faffade eines Baublocks, hat fo eine

74. Wimpfen — Straße

doppelte Aufgabe zu erfüllen: einmal die hinter ihr
liegende Baumaffe abzuschließen, deren innere Struktur
zu verdeutlichen, dann den Straßenraum, zu faffen und
ihn als zufammenhängendes Gebilde in Erscheinung zu
bringen. Die raumbildenden Funktionen diefer Wandungen
müffen ftark fein, da die Mitwirkung des freien Himmels

75. Landshut in Bayern — Altstadt

zu überwinden ist, der den räumlichen Ausdruck gleichsam nach oben absaugt.

Die Straßenbildung der deutschen Renaissance läßt sich in Donauwörth (Abb. 8 und 9), besser noch am gestreckten Markt in Bayreuth oder in Landshut an der sogenannten Altstadt (Abb. 75) studieren. Auf dem Plan fällt das Überwiegen der Hauptstraße in ihrer Breitenausdehnung über die anderen Gassen auf. Landshut besteht eigentlich nur aus dieser Hauptstraße, die in ganz leichter S-Windung verläuft. Die einfassenden Giebelhäuser zerlegen die Wandung in lauter kleine Abschnitte, deren Wirkung durch bunte Farbigkeit noch gesteigert wird. Trotzdem vermögen sie den Raum zusammenzuhalten, denn die Häuserfluchten, die Zackung ihrer Silhouette ist bei aller Unruhe gleichmäßig, es gibt keine Stellen in ihr — bis auf einige Neubauten —, die das Auge ablenken und verwirren, und gern läßt es sich von dieser lustig hüpfenden Bewegung in die Tiefe führen. Die Raumwirkung ist eine breite, behäbige, da die Tiefe

100

76. Freudenſtadt — Weſtliche Parallelſtraße

ſich für das Auge verkürzt und die höheren Bauten an
beiden Enden — in der Anſicht die Heilige Geiſt-Kirche,
nach der Südſeite der in die Straße hineintretende prächtige Turm der St. Martinskirche — ſie noch zuſammen-
ſchieben. Ein Teil der Straße zeigt Laubengänge. Die
links und rechts einmündenden Gäßchen ſind oft kaum
zwei Meter breit, und gegen die Hauptſtraße mit einem
Schwibbogen abgeſchloſſen, der zunächſt konſtruktiv als
Verſtrebung zwiſchen den gegenüberliegenden Häuſern
gedacht iſt, dann zum Zuſammenſchluß der Faſſadenfolge
beiträgt.

Eine Straße des 1599 gegründeten Schwarzwald-
ſtädtchens F r e u d e n ſt a d t (Abb. 76) zeigt das Prinzip der
Gleichmäßigkeit auf dörfiſche Verhältniſſe übertragen:
Gradlinigkeit, Wiederholung der gleichen Motive im Haus-

bau. Die Straßenbreite beträgt 11,25 m, nach beiden
Seiten gehen davon je 3 m ab, die für die Benutzung
der Bewohner referviert find. Hier kann Ackergerät ab-
geftellt, Holz aufgeftapelt werden, fogar Dungftätten liegen
hier. Gehen auch die Grundftücke von diefer Straße
bis zur folgenden Parallelftraße durch, fo liegt doch bald
hier, bald gegen jene die Hauptfront, ein Zufammenlegen
der wirtfchaftlichen Betriebe nach einer Seite findet nicht
ftatt. Haus von Haus wird durch 1,15 m breite Durchgänge getrennt, um die Anlehnung des einen Haufes an
das andere zu vermeiden und durch den Zwang, für
jedes Haus fefte Mauern aufzuführen, die Feuersgefahr
herabzumindern. Die weite Perfpektive diefer graden,
abfallenden Straßen mit dem Blick gegen die dunklen
Höhen des Schwarzwaldes gibt ihnen einen befonderen Reiz.

Es ift erftaunlich, wie gedankenlos oft eine Kritik nach-
gefprochen wird, die durch ihre Wendung gegen tradi-
tionelle Formen überrafcht, die Berechtigung hat, wenn
diefe Formen ausgeleert erfcheinen, die aber irrt, wenn
fie als Rettung das Extrem empfiehlt. Es liegt diefe
fuggeftive Kraft in der zur Reflexion anregenden Wirkung
aller Kritik, die befonders in der bildenden Kunft gefähr-
ich ift, da fie dazu verleitet, mit Begriffen zu operieren,
ftatt aus immer erneuter Anfchauung heraus vor den
Dingen felbft zu urteilen. Noch bis vor kurzem fand man
weit, fehr weit durchlaufende, fich in ein Nichts verlierende
Straßen fchön, dann wurde der Reiz der krummen Straße
entdeckt und nun jede gerade Flucht als unkünftlerifch
verworfen. Und bei der heutigen Flut der Kunftvor-
fchriften wirkt kein Wort auf den Unfelbftändigen mehr
wie „unkünftlerifch". Ebenfo ging es mit den Straßen,
die ein ftarkes Gefäll haben. Kein neuer Bebauungsplan wird die Feftlegung einer folchen wagen. Und doch
bringt die Vereinigung von Gefälle und grader Richtung

102

eine außerordentliche Schönheit in das Stadtbild: die
Ausficht auf die Stadt und hinaus über fie auf die um-
gebende Landfchaft. Stadt und Land find anmutig miteinander verbunden. Ein um 1483 neu angelegtes Quartier
von Stuttgart (Abb. 78) führt gradlinige Straßen eine
Anhöhe unter einer Steigung von 1—5 : 100 hinauf, und
die Neue Brücke (Abb. 77) hat gar eine Steigung von
5—10 : 100. Der Erfolg ift eine Fernficht, die auch bei
flüchtigem Durchqueren einer folchen Straße entzückt.
„Wie von den umliegenden Höhen aus die Stadt ein ftets
wechfelndes Diorama darftellt, fo find es auch die neuen
Stadt-Theile, die den Blick auf die Höhen eröffnen, welche
Stadt und Land malerifch vereinigend überall herein-
blicken und befonders, wenn die Weinberge grünen, un-
gemein erheitern." Eine Steigung wie die der Neuen
Brücke überfchreitet allerdings die Grenzen des Rat-
famen, da Bebauung und gute Verbindung der Häufer
miteinander nicht leicht ift. Hier find für die Dachlinie
einfache Abtreppungen gewählt und die Gefchoßzonen
annähernd durchgeführt. Geringer find dagegen Bedenken über die entftehenden Verkehrsfchwierigkeiten,
denn die Befchränkung des Fahrverkehrs, vor allem des
Laftwagenverkehrs laffen folche Straßenanlagen ganz von
felbft zu ruhigen Wohnftraßen werden. Die bekannte
Anficht aus Rothenburg ob der Tauber (Faltplan IV), der
Blick von der Unteren Schmidtgaffe gegen das Plönlein,
zeigt die Schönheit ftarker Höhendifferenzen nebeneinander: rechter Hand die abzweigende Straße ab-
fchüffig gegen das Koboldzeller Tor, über dem die be-
waldeten Höhen jenfeits der Tauber auftauchen, links
die grade weiterlaufende Straße anfteigend gegen das
andere Tor, das die höchfte Silhouette gegen den lichten
Himmel zeichnet. Das Gelände felbft beginnt in diefer
plaftifchen Modellation zu leben, ift nicht mehr neutrale
Bafis. Diefe Situation ift aber gleichzeitig ein Beweis

103

77. Stuttgart — Neue Brücke

für die naturaliftifche Gefinnung der gotifchen Stadtbaukunft. Der Barock würde danach ftreben, das Gelände
architektonifch zu bewältigen und zumindeft hier Rampen-
anlagen entwickeln, die die architektonifche Kraft der
Situation zum Monumentalen hin fteigern.

Die Ausbildung der Perfpektive, auch der landfchaft-
lichen, als Anregung zur Tiefenvorftellung ift eigentliches
Prinzip des Barocks, doch fchon die gotifche Stadtbaukunft benutzt häufig einen monumentalen Bau als Abfchluß ihrer grad verlaufenden Straßenzüge, die bei Neu-
anlage von Stadtteilen oder ganzen Städten feftgelegt
wurden. Als Abfchluß der Weberftraße in Braunfchweig
ift die Andreaskirche (Abb. 79) gedacht, deren Weftportal
in der Achfe der Straße liegt. Diefe grade Straße hat
eine beträchtliche Länge, in der Perfpektive aber finken

104

78. Stuttgart nach Merian (1643)

die Häuſer zuſammen und bilden Baſis für die hoch-
ſtrebende Weſtfront. Die Perſpektive grader Straßen
kann gewiß einer maleriſchen Auflöſung der Formen im
Dunſt von Licht und Farbe überlaſſen bleiben, baulich
ökonomiſcher iſt der architektoniſche Abſchluß. Sein Aus-
balanzieren gegen die Länge der Straße, gegen das lebhafte oder ſchlichtere Relief und die Silhouette ihrer
Wandungen gehört bereits zu den allerfeinſten Künſten
des Architekten, verlangt das ſicherſte Empfinden bei
Neubauten. In alten Städten wird der Zuſammenſchluß
gewahrt durch die fortwirkenden und ſich nur langſam
wandelnden Traditionen der Materialbehandlung und Konſtruktion, durch die Einheitlichkeit des architektoniſchen
Grundempfindens, das die verſchiedenen Stilformen verbindet, dann aber durch richtige Kontraſtierung von
Privatbau und Monumentalbau. Eine ſchwere Ver-
ſündigung dagegen iſt es, wenn, wie in der Königsſtraße
zu Nürnberg, die Privatbauten ſich ſo ſelbſtbewußt und
rechthaberiſch geben, daß der bedeutende Bau der Lorenz-
kirche nicht zur Entfaltung ſeiner Kräfte gelangen kann
und übertönt wird von dem Gebaren des Proſzeniums.
Der geſchloſſene Kubus der Marienkirche in Danzig, auf-
gelockert nur in der Dachzone, wiederholt ſich zwar auch
ähnlich in den Barockhäuſern, und dieſe Gleichmäßigkeit
der Teile gibt der Frauengaſſe ihre wundervoll geſchloſſene Wirkung (Abb. 80 und 81), trotzdem beſteht
der wirkungsvollſte Kontraſt zu ſeinen Gunſten, denn
hier iſt alles groß geſehen, an den Häuſern alles zart
und kleingliedrig. In dieſer klaren Raumform kommt
jede Zutat, ein oder der andere Baum, die ſchönen Beiſchläge, zu voller Geltung. Dieſe Beiſchläge dokumen-
tieren ein Eigentumsverhältnis der Hausbeſitzer an der
Straße wie in Freudenſtadt die Vorplätze (Abb. 75) und
ſind zum Teil in die Straße vorgeſchobene Keller. Sie
erſcheinen wie der Niederſchlag gaſtfreundlicher Ver-
106

79. Braunſchweig (Neuſtadt) — Weberſtraße und Andreaskirche

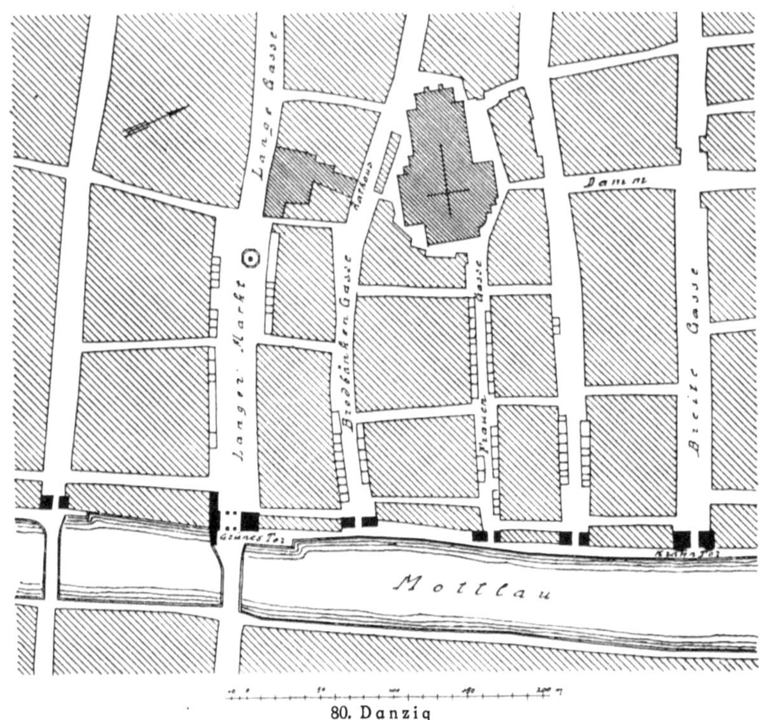

80. Danzig

kehrs und behaglicher Betrachtung gegenüber den ſtrengen, reſervierten Maſſen der Kirche.

Die Nutzung einer ſolchen Straßenperſpektive zeigen auch Lambertikirche und Rathaus am Prinzipalmarkt von Münſter in Weſtfalen (Abb. 82 und 83, mit der Abb. 63 zu verbinden iſt). Der Roggenmarkt iſt erſt in unſerer Zeit durch Abbruch des kleinen Blocks gegen den Turm der Kirche — dieſer in unſerer Zeit vollendet — geöffnet worden. In Danzig (Abb. 80) ſchiebt das Rathaus mit einer leichten Linksdrehung aus der Flucht der Langen Gaſſe ſeinen ſchlanken Turm als Abſchluß dieſer Gaſſe und des Langen Markts vor, der Neptunsbrunnen (1633) wiederholt am Fuß des Turms lebhaft die gleiche Aufgabe. Später arbeitet man in der Ausnutzung ſolcher

108

81. Danzig — Frauengaſſe und Marienkirche

Möglichkeiten ganz konſequent. Die Altſtädter Kirche von Erlangen bildet den Abſchluß des nördlichen Teiles der Hauptſtraße (Abb. 84, Faltplan VII), ihr Turm erſcheint wieder im Profil der Halbmondſtraße (Abb. 85), deren Abſchluß am anderen Ende der ſchöne Turm der Neuſtädter Kirche bildet. Dieſer Turm tritt leicht in die Straßenflucht Halbmondgaſſe, Apothekergaſſe und Kammerergaſſe vor, den Straßenraum rhythmiſch teilend und die ſtattlichſte Perſpektive gebend. Ähnlich wirken Monumentalgebäude, die nicht in der Achſe der Straße liegen, doch vor ſich einen freien Platz haben, ſo daß der Anblick des Gebäudes für den Zuſchreitenden ſich langſam zu

110

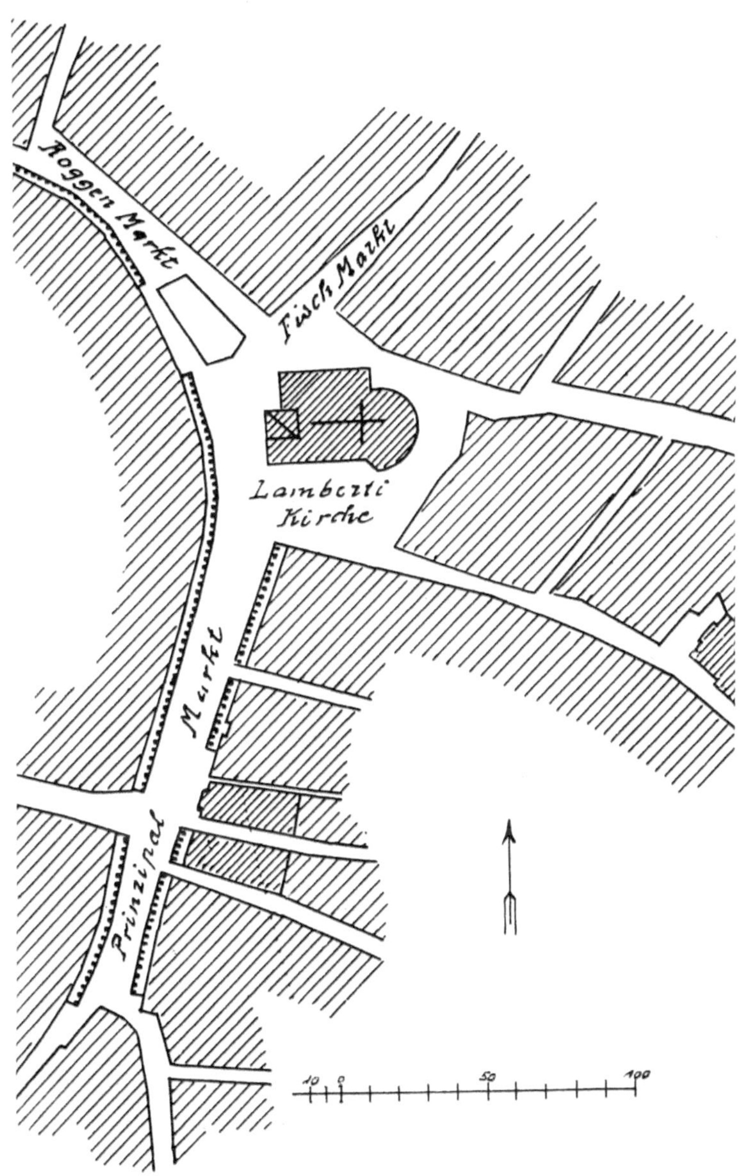

83. Münfter in Weftfalen

84. Erlangen — Hauptftraße mit Altftädter Kirche

feiner vollen Erfcheinung entwickelt. Auch hierfür gibt
der Plan von Erlangen verfchiedene Beifpiele. Prachtvoll der Turmkoloß des Paderborner Doms oberhalb
der Paderquellen, die gleichfam feinen Fuß umfpülen
(Abb. 86). Kommt hinzu, daß jetzt die Wirkungen von
Licht und Farbe in ihrer Abtönung durch die Luft bedacht
werden, wie es fchon in Potsdam beobachtet wurde.
Erft durch die Abftufung der verfchiedenen Lichttöne
gleichfarbiger Flächen nach der Bildtiefe zu erfcheint die
Würzburger Theaterftraße (Abb. 32) fo wundervoll.
Wirkungen werden hier genutzt, die der Raum von felbft
freigiebig fpendet. Befonders in der zweiten Hälfte des
achtzehnten Jahrhunderts tritt der Einfluß der gleichzeitigen Malerei und ihrer tonalen Kompofition ftark
hervor. Für die Gartenkunft wird dies öfter ausgefprochen: „Man verteile, fagt Pückler-Muskau, überall
in dem Gemälde (d. h. dem Garten) Licht und Schatten
zweckmäßig, fo wird dadurch die Gruppierung im Großen
in der Hauptfache gelungen fein. Denn Rofen, Waffer

112

85. Erlangen — Halbmond ſtraße mit Schloß und Altſtädter Kirche

und Fluren, als ſelbſt keine Schatten werfend, ſondern
ſolche nur von andern Gegenſtänden aufnehmend, ſind
das Licht des Landſchaftsgärtners, Bäume, Wald und
Häuſer dagegen (auch Felſen, wo ſie benutzt werden
können), müſſen ihm als Schatten dienen." (Vergl. dazu
Griſebach, Der Garten.) Andrerſeits ſucht die Malerei
mehr und mehr ihre Motive im Stadtbild zu finden.
Man denke an Canaletto. Gegenſeitige Beeinfluſſungen
ſpinnen ſich an, die gegen Ende des folgenden Jahrhunderts zur Gefahr für die Stadtbaukunſt werden.

Aus dieſer Rechnung auf die Mitwirkung des farbigen
atmoſphäriſchen Lichtes, aus der Entdeckung, daß es für
einen Bau nicht nur Hell und Dunkel, Licht und Schatten
gibt, erklärt ſich die Vorliebe der Zeit für zarte, aber
differenzierte Lockerung. Erklärt ſich die feine Detail-
lierung der Bauten, die lichte Färbung ihres Verputzes,
das helle Verſchleiern dunkler Fenſteröffnungen durch
vielgeteiltes weißes Sproſſenwerk. Man will Flächen

113

ſchaffen, auf denen das farbige Licht aufleuchten kann.
Nur hin und wieder wird durch ſchwarze oder vergoldete
Gitter ein kräftiger Ton in die Kompoſition gebracht.
Selbſt so nebenſächliche Situationen wie die Behrenſtraße

114

87. Berlin — Behrenſtraße und Hedwigskirche

in Berlin (Abb. 65 und 87) erſcheinen zauberhaft in den
köſtlichen Farben eines Sommerabends oder in dem Blau-
grau eines Wintertages. Mag eine Stadt noch ſo regelmäßig ſein, erlaubt die Erſcheinung ihrer Architektur es,

115

dann wird in der wechſelnden Beleuchtung fortwährend
ihre Erſcheinung, ja die Erſcheinung der nach verſchiedenen
Himmelsrichtungen laufenden Straßen gleichzeitig gegeneinander ſich ändern und damit werden Variationen erreicht werden, die ein maleriſch komponierender Architekt
nie erreichen kann. Denn die maleriſche Wirkung iſt
letzten Endes eine akzeſſoriſche, die der Architekt freudig
hinnehmen mag, ohne ſie erzwingen zu können.

Es ſei hier eine Bemerkung über das „Maleriſche"
im Stadtbau geſtattet. Will man damit ausdrücken, daß
eine Stadtpartie einen guten Vorwurf für einen Maler
ergibt, ſo wäre die Frage für den Architekten, ob er
maleriſch bauen ſolle, erledigt, denn man kann nicht
von ihm verlangen, daß er mit ſeinen plaſtiſchen und
raumformenden Mitteln Motive für eine anders ſehende,
anders darſtellende Kunſtrichtung ſchafft. Die Benutzung
des Wortes zeigt, daß die Stadtbaukunſt unſerer Zeit
es trotzdem häufig in dieſem Sinne gebraucht. Bezeichnet
man damit die Löſung räumlich geſchloſſener Formen in
Licht und Schatten, die Auflockerung eines Baukomplexes
bis zur Überſchneidung einzelner Teile, vielleicht auch die
Mitwirkung der Farbenwerte im atmoſphäriſchen Licht,
obgleich darauf noch wenig geachtet wird, ſo fragt es
ſich, ob damit wirklich der wahren Bedeutung des Wortes
„Maleriſch" Gerechtigkeit widerfährt. Eine Auseinander-
ſetzung darüber trägt uns hier zu weit von dem eigent-
lichem Thema weg, doch darf ich auf die Ausführungen
darüber in meiner „Baukunſt des 17. und 18. Jahrhunderts" (Berlin-Neubabelsberg 1916, II. A. 1920) und
in meiner „Barockſkulptur" (Berlin-Neubabelsberg 1920)
verweiſen, von denen die letzte den künſtleriſchen Begriff
des Maleriſchen und des Plaſtiſchen mehrfach begrenzt.
Dieſer Zeit waren architektoniſche Verhältniſſe überaus
wertvoll; daß ſie mit den Wirkungen des Lichtes rechnete,
Freude an lichten Farben hatte, kennzeichnete ihre male-

116

88. Bamberg — Grüner Markt mit Martinskirche

rifche Gefinnung. Sie wußte jedoch genau, wo eine
folche Gefinnung auf dem Gebiet der Skulptur und
Architektur halt zu machen hatte. Die fogenannten
malerifchen Gruppenbauten unferer Stadtbaukunft dagegen find dekorative Arrangements, reich und bewegt,
ohne zwingende architektonifche Ausdruckskraft.

Inniger noch wird der Zufammenhang, wenn das
Bauwerk nicht allein einen Abfchluß für die Blickrichtung
der Straße darftellt, feine Formen in ihrer Silhouette
und ihrem Relief aus deren Verhältniffen fich ergeben,
fondern wenn der Straßenraum in organifchem Zufammenhang mit dem Bauwerk fteht und diefes in feiner
inneren räumlichen Gruppierung eine Steigerung und
Vollendung der Raumwirkung der Straße bedeutet. Das
Verhältnis bleibt nicht ein nur bildmäßiges, wennfchon

117

89. München — Stadtteil mit Frauenkirche

die plaſtiſche Erſcheinung des Bauwerks deſſen innere
Geſtaltung für den erſten Anblick teilweiſe zum Ausdruck bringt; es wird auf unſere Fähigkeit gerechnet,
empfangene und verarbeitete Raumeindrücke in unſerer
Vorſtellung aneinanderzureihen und aus den Einzel-
eindrücken uns eine Geſamtvorſtellung zu ſchaffen, indem
wir ſelbſt gleichſam in den Raum hineinwachſen. Vielleicht wird die bildmäßige Auffaſſung einer Situation
heute im Gegenſatz zu dieſer ſpezifiſch architektoniſchen
mehr anſprechen. Ein unerzogenes architektoniſches Gefühl wird ſogar mit dem Einwurf kommen, daß das,
was die Betrachtung von einem Standpunkt aufzufaſſen
vermöge, wirkungsvoller iſt als eine Summe hintereinander aufgenommener Eindrücke. Aus dieſer be-
ſchränkten Geſinnung heraus entſtehen die meiſten der
heutigen „maleriſchen“ Stadtbilder. Die höhere Art des
architektoniſchen Geſtaltens rechnete ſtets auf die Fähigkeit, eine Folge räumlicher Eindrücke verbinden und aus
der Geſamtwirkung heraus die Einzelheiten beurteilen
118

90. Rothenburg ob der Tauber — Rödergaſſe mit Tor und Einblick in die Hafengaſſe

zu können. Am feurigſten hatte dieſe Verbindung im
Stadtbau der römiſche Barock geſchloſſen, und beſonders
die Barockkirche gibt in ihrer inneren Dispoſition die
feinſte Endformung der gegen ſie andrängenden Raum-
bewegung, nachdem dieſe durch eine Straße oder einen
Vorplatz ausgerichtet in dem Brennpunkt ihres Portals
zuſammengenommen iſt, um dann den letzten Triumph
im Kircheninnern zu feiern.

Eine verbaute Stadt wie B a m b e r g war durch den B a r o ck
ſelbſt mit den größten baulichen Anſtrengungen nicht mehr
umzuwandeln, und eigentlich nur die Situation der nach
den Plänen des Jeſuitenpaters Andrea Pozzo um 1700
erbauten Martinskirche am Grünen Markt (Abb. 88) iſt
im Sinn des Barocks. Im Bild unterſtützt das Hervortreten der Faſſade ihr Kontraſt zu den ſchlichten Häuſern
— rechts der Neubau eines Kaufhauſes, deſſen Höhe
zwar geſteigert iſt, der ſich ſonſt aber beſcheiden hält —,
die tiefere Wirkung beruht darauf, daß die gewaltigen
Raumformen des Kircheninneren als Endbildung jener
gegen die Faſſade drängenden und an dieſer eingebuchteten
Stelle ſich ſammelnden Raummaſſen aufgefaßt werden.
Die Neubaukirche und Michaeliskirche von W ü r z b u r g
(Faltplan II) bilden den Abſchluß breiter Straßenzüge.
Das Neumünſter neben dem Dom, das zu Beginn des
achtzehnten Jahrhunderts einen Barockzentralbau und
eine vielgeſchwungene Faſſade mit reicher Treppen-
entwicklung als Vorlage erhielt, beſaß in dem Kürſchnershof einen trefflichen Vorraum. Dieſer wurde für die
Korrektion der Sandgaſſe durchbrochen, wobei gleichzeitig die Bauten zwiſchen ihm und dem Dom gegen den
Leichhof niedergelegt wurden. Selten iſt die Wirkung
einer alten Situation ſo verwüſtet worden wie hier.
Auch der Dom verlor ſeine Beziehung zur Domgaſſe,
die prächtige Schönbornkapelle, am nördlichen Querſchiff-
arm von J. B. Neumann erbaut und als Abſchluß dreier

120

91. Lübeck — Burgtor

Straßen gedacht, ertrinkt in dieſer Rieſenöffnung, der entſtandene Platz ſelbſt iſt ohne Halt. Dringend wäre geboten, einen ähnlichen Abſchluß unter Berückſichtigung der Verkehrsnotwendigkeiten zu geben — über Domgaſſe und Kürſchnershof iſt die elektriſche Bahn geleitet —, ja auch nur eine Verbindung von Neumünſter und Dom zu ſchaffen, die dem alten Grundriß über dem rechten Winkel folgt, um die Bauten zu rahmen und die Räumlichkeit zu klären. Erkennt die Stadtverwaltung nicht, daß ſie hier nutzloſe und künſtleriſch fatale Geländeverſchwendung treibt?

Der Stadtplan von München, aufgenommen 1806 von J. Conſoni (Faltplan III), gibt die typiſche Lage der älteren Kirchen in der Mitte eines kleinen Platzes, dem einſtigen Kirchhof, der wie eine Kluft den Kirchenkörper umzieht, ſo daß der Blick nur emporgehen kann und nur einzelne Teile wie die Türme als Richtung kurzer Straßenzüge dienen (Abb. 89). Er gibt dann die Situation ſpäterer Barockkirchen, die nicht in Straßenachſen ſtehend — Raummangel drängte ſie gegen die Peripherie, und hier war an den Hauptſtraßen der gegebene Abſchluß das Tor, an den Nebenſtraßen die Befeſtigung — ſich aus der Flucht vorſchieben und einen in ſeiner räumlichen Wirkung abgeſchloſſenen Vorplatz haben. Der Abbruch des Schwabinger Tores 1816 nach Auflöſung des Feſtungscharakters der Stadt, der Durchbruch der Pfandhausſtraße etwas ſpäter nach langwierigen Berichten und Verhandlungen konnte nur unter Benachteiligung der Theatiner-, beſonders aber der Kongregationskirche geſchehen, die durch den breiten Raumſtrom vom Promenadeplatz zum Maximiliansplatz überſpült wird..

Tore im Zuge der Mauern waren einſtmals die natürlichen Abſchlüſſe der Straßen, die politiſche und wirtſchaftliche Geſchloſſenheit des Gemeinweſens, zugleich ſeine Beziehungen zur Außenwelt kennzeichnend. Schöne

122

92. Regensburg — Emmeranstor und neuer Torbogen

Beifpiele zeigt der Plan von D a n z i g (Abb. 80). Wie hoch
diefe Torbauten von der älteren Stadtbaukunft bewertet
wurden, beweift ihre reiche bauliche Durchbildung, wenn
fie auch nicht fo geputzt war, wie es fich der Reftaurator
der Stadttore in F r e i b u r g i. B. dachte. Daß man fie als
befonderen Schmuck des Straßenbildes auch bei anfpruchs-
loferen Formen empfand, läßt die Erhaltung alter Tore
erkennen, nachdem die Stadt fie bereits überfprungen
hatte (Abb. 90 und Faltplan IV). Für uns haben diefe
Torbauten nur noch hiftorifches und äfthetifches Intereffe. Das Vergehen gegen fie befteht darin, die Schönheit ihrer Erfcheinung nicht tief genug aus ihrer Situation
heraus zu begreifen. Das letzte Drittel des vorigen Jahrhunderts, die Zeit der zufammenhanglofen Dekoration,
hat fich hier viel zufchulden kommen laffen. Das Verftändnis für Wirkungsbeziehungen war getrübt, ein

93. Bamberg — Fiſcherhäuſer an der Regnitz

ſchönes Stück ſchien, wo man es auch hinſtellte, ſchön
zu bleiben und zudem die ganze Umgebung zu heben.
So gab man lauter Einzelſtücke ſtatt einen zuſammenhängenden Organismus. Ein Torbau ſchien ſich gleich
zu bleiben, ſelbſt nachdem er aus dem Zuſammenhang
herausgelöſt war, wie das Tangermünder und Unglinger
Tor von Stendal, oder gar in ſich zuſammengeſunken
und von törichten Pflanzungen umwuchert die Mitte eines
Platzes markierend, wie das Holſtentor in Lübeck, ſo daß
man um dasſelbe herum ſtatt hindurch geht. Ähnlich
hat man es unter Umgehung der künſtleriſchen Logik in
Magdeburg und manchen anderen Städten gemacht. In
Lübeck verlangt der geſteigerte Verkehr eine Umgeſtaltung
des Burgtores (Abb. 91). Der Vorſchlag geht dahin, von
den beiden ſeitlichen Durchgängen, die ſpäter hinzukamen,
den linken zu verbreitern und in das Erdgeſchoß des
anliegenden Hauſes einen Laubengang für den Fuß-
gängerverkehr einzuziehen. Auf dieſe Weiſe bleiben die
Hauptformen gewahrt, wenn auch die ſeitlichen Durch-
brechungen der Toröffnung ſchlechte Konkurrenz machen

124

94. Bamberg — Regnitz mit alter Brücke

und die befondere bau-
liche Hervorhebung ge-
rade diefer Öffnung durch
den Turm überflüffig er-
fcheint. Der Charakter
der Situation wird ein
falfcher. Vorbildlich er-
fcheint die Löfung am
Kröpelinertor in Roftock,
das ftolz und wehrhaft
die Perfpektive der gleich-
namigen Straße noch

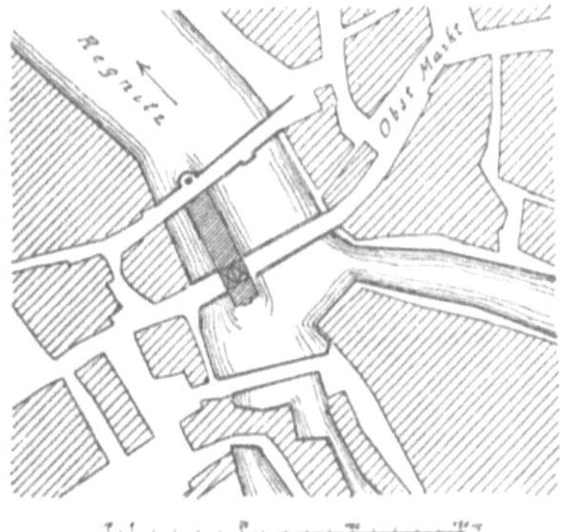

95. Bamberg

heute trotz Trambahnverkehr abzufchließen vermag. Vorbildlich auch die Löfung beim Emmeranstor am Ende
der Waffnergaffe von Regensburg (Abb. 92) Die Straße
ift vor dem alten Tor nach rechts abgebogen und hat im
Zuge der alten Mauer einen neuen, triumphbogenartigen
Torbau erhalten. Das alte Tor ift als Zugang aufgegeben
und ruht in feinem gewohnten Habit wie ein alter In-

125

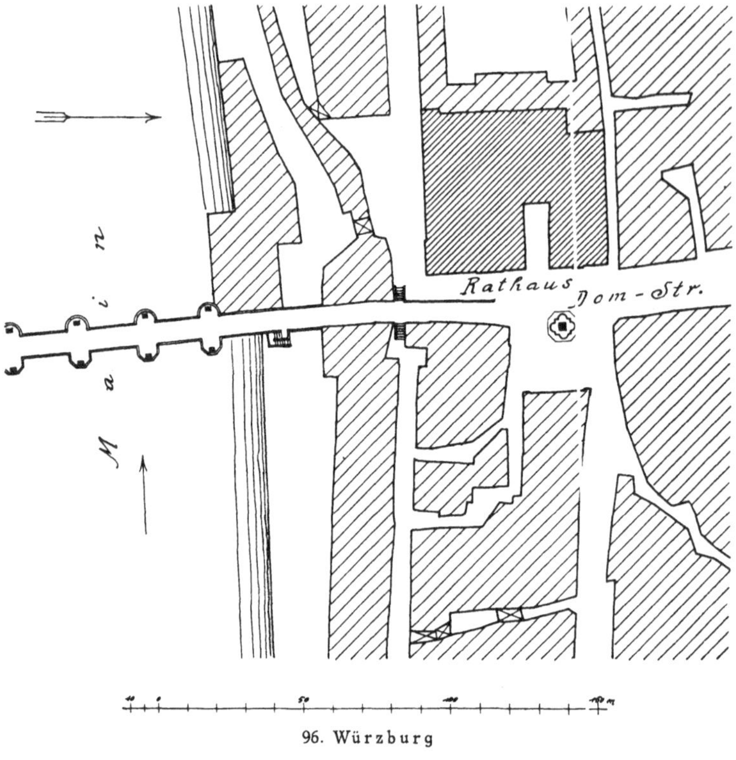

96. Würzburg

valide aus. Das Neue ftellt fich entfchloffen als neu hin,
ift ohne den fatalen Beigefchmack von ängftlicher An-
paffung oder gar Imitation, der fo leicht den konfervierten
Baulichkeiten anhaftet. Auch das langfame Zerfallen
hat feinen Reiz. Wieviel köftliche Stunden fchenkte der
Heidelberger Schloßhof der Menfchheit! Nur eine Zeit,
die arm an eigenen Leiftungen ift, errichtet den Ver-
ftorbenen Denkmäler über Denkmäler und wacht mit
übertriebener Sorgfamkeit über die kleinften Produktionen
einer künftlerifchen Vergangenheit.

Eine große Anzahl ftadtbaulicher Formen früherer
Zeit werden verfchwinden müffen. Hinter der neuen
Auffaffung des Fluffes als Luftfchacht für ein ganzes

126

97. Würzburg — Alte Mainbrücke

Stadtgebilde, als prächtige Richtlinie mit breiten Ufer-
ſtraßen, ſteht ſeine praktiſche Ausnuþung für das Klein-
gewerbe zurück. Gewiß war in B a m b e r g das Verhältnis des Fluſſes zur Stadt inniger, die Häuſer ſchienen
feſt an ihn gewachſen (Abb. 93) oder gaben reizende
Bilder ab, wie die Moſelhäuschen in T r i e r. Heute gleicht
der Fluß in ſchlechten Fällen, wie die Spree in B e r l i n,
mehr einem Bahnſtrang, der intereſſelos ein Gebiet
durchzieht. Eine ſchöne Bildung ergab ſich aus dem
früheren Verhältnis für die Brücke. Es ſchien infolge
der gedrängten Umbauung des Brückenkopfes, dadurch,
daß die Häuſer tiefer wie das Brückenniveau wurzelten,
als ſtreckten dieſe ſich hier ihre Arme über den dahin-
gleitenden Fluß entgegen (Abb. 94—95). Die Durchführung

127

einer Uferstraße unter dem erften hochgewölbten Brücken-
bogen findet sich auf große Verhältniffe übertragen in
Würzburg bei der Alten Mainbrücke, die um ihren
Brückenkopf eine Anzahl schöner Ansichten schafft (Abb. 96,
97 und Faltplan II).

Mit der Brücke tritt der Straßenzug in den freien
Raum hinaus, seine Exiftenz nicht nur wahrend, fondern
zu plaftifcher Erfcheinung fteigernd. Wuchtig fpannt fich
die alte Doppelbrücke bei Rothenburg über die Tauber
Die Feftlichkeit folcher Situation nutzt der heitere Bau
des Bamberger Rathaufes unter Verwendung des
Brückentormotivs (Abb. 99), nutzt allgemein die Plaftik
des Barocks, hier Raum für ihre lebhafte Bewegung,
eine Fülle von Sonnenlicht und fcharfe Schatten findend,
dabei doch eine enge architektonifche Verbindung be-
wahrend. Die Stellung der Madonna auf der Würz-
128

99. Bamberg — Brücke mit Rathaus und Barockaltar

burger Mainbrücke, über dem dunklen Waſſer, vor den
Hügeln der alten Feſte und angeſichts der weiten Land-
ſchaft gibt dieſer ausgreifenden Barockſkulptur den
nötigen Raum (Abb. 98). Als gutes Beiſpiel aus unſerer
Zeit ſei die Wittelsbacher Brücke in München (Abb. 100)
genannt. Brücke und Monument ſind, obgleich der Sockel
ſehr mächtig erſcheint und die erleichternde Bogen-
durchbrechung nicht immer wirkſam iſt, trefflich zuſammen
empfunden. (Über Aufſtellung von Monumentalſkulpturen
vergl. des Verfaſſers „Platz und Monument".)

Funktionen des Platzraumes

Die Stadtbaukunſt der Vergangenheit ordnet unter oder ſteigert ihre Wirkungen. Sie konzentriert ihre Kraft auf die Hauptſtellen, ſchmückt dort, wo ſie der Ruhe des Betrachtens ſicher iſt. Auf dem Platz geht die Bewegung der Straßen in die Breite auseinander, kommt zum Stillſtand. Hier iſt der natürliche Sammelort der Bewohner der Stadt beim täglichen Verkehr und Handel, ihr Beratungsplatz, Rüſtplatz und Feſtplatz, die Stelle für Strafvollſtreckungen. An dem Stadtplatz ſammeln ſich in natürlicher Weiſe die Baulichkeiten, die die Verwaltung der Stadt, ihre Korporationen nötig haben, Rathaus, Gildenhäuſer, Zeughaus, Feſt- und Tanzſaal. Auch die Kirche liegt in der Nähe, doch iſt für ſie meiſt ein beſonderer Platz ausgebildet.

Die Schönheit alter Stadtplätze in ihrem unregelmäßigen Grundriß, in ihrer geſchloſſenen Umbauung, in ihrer „maleriſchen Erſcheinung" zu ſuchen iſt romantiſch, aber unrichtig. Das ſind Äußerlichkeiten, die zutreffen und nicht zutreffen. Stets war das Beſtreben vorhanden, die Neubauten fluchten zu laſſen, Unregelmäßigkeiten auszugleichen. Eine Anſicht des Marktplatzes von R o t h e n - b u r g ob der Tauber (Abb. 101, vgl. damit Faltplan IV), die ſich dort auf dem Altar der Jakobskirche befindet und 1466 von Friedrich Herlin gemalt iſt, zeigt den Platz vor Erbauung des neuen Rathauſes. Die Anſicht iſt etwa von der Ecke der Hafen- und Oberen Schmidtgaſſe aufgenommen: links das alte aus zwei Bauten beſtehende Rathaus, im Grund die beiden Türme der Jakobskirche, dann ein Einblick in die Heugaſſe mit dem alten Tor der inneren Umwallung. Dieſer breite, mit ſichtlicher Freude dargeſtellte Ausblick vom Platz, ebenſo die breit einmündende Herrengaſſe laſſen erkennen, wie wenig man damals um die Geſchloſſenheit der Wandungen ſich be-

mühte, wie diefe Gefchloffenheit, wo fie vorhanden,
nur beweift, daß die Grundftücke um den Markt herum
wertvoll waren und die Häufer fich an ihn drängten.
Von einem Genuß des Malerifchen im Sinne, wie das
Wort heut gebraucht wird, kann vollends nicht gefprochen werden. Zufammengehalten wird der Raumeindruck durch die bedeutenderen Architekturen am
Platz, durch ihre gefteigerten Größenverhältniffe. Die
bewundernswerte Fähigkeit der alten Stadtbaukunft befteht nun darin, daß fie jedes Neue in die beftehende
Situation ohne Diffonanz einzufügen verfteht, daß fie
ficherftes Gefühl für die zeitliche Form und ihre Konfequenzen im einzelnen befitzt und fie gut mit dem Vorhandenen zufammenwägt. Der Neubau des Rathaufes
von 1575, das fich in fpäter vorgelegten Arkaden gegen
den Markt öffnet, an Stelle der öftlichen Partie des
alten, ftellt das Übergewicht diefes Platzes über alle
Straßen und die übrigen Plätze der Stadt feft.

Der Marktbrunnen ift meift gegen eine Seite gefchoben,
das gotifche, ja noch das Körperempfinden der deutfchen
Renaiffance lehnt dies zerbrechliche Stück meift an die
überragendfte Baumaffe der Platzwandung an oder rückt
fie wenigftens in feine Nähe. So tritt der Schöne Brunnen
in Nürnberg in optifche Beziehung zur Sebalduskirche,
in Rothenburg der Georgbrunnen zum Ratshaus. Dann
will man beim Schöpfen und Tränken nicht durch den
Verkehr behindert fein. Auf einem dreieckigen Platz
verfchibt fich der Brunnen aus gleichem Grund in die
Mitte, fo in Miltenberg der Marktbrunnen von 1583
(Abb. 24 und 25), da hier die Verbindungen die Fläche
nicht durchqueren, fondern an den Seiten des Marktplatzes entlang führen.

Sehr häufig ift der Markt nur eine verbreiterte Straße,
die durch ihre Häufer ausgezeichnet ift (Abb. 102 und 103).
Das Bleibende des Raumes refultiert dann aus der Über-

132

101. Rothenburg o. d. T. — Marktplatz nach einem Gemälde von Herlin 1466

einstimmung der Platzwandungen und ihrem Gegensatz zur Bebauung der einmündenden Straßen. Diese geben einen Ausblick und erweitern die Bühne wie eine Perspektive im Theater, ein Prinzip, wie es im Teatro Olimpico zu Vicenza von Palladio konsequent durchgebildet ist. Umgekehrt gewähren diese Straßen schon von fern einen Einblick auf den Platz, dessen Wirkung damit für das weitere Stadtbild ausgenutzt ist, während Plätze mit geschlossenen Wandungen für dieses leicht verloren gehen. Zu beachten wären in Lüneburg noch die langgestreckten Baublöcke, die eine Durchquerung des Marktes verhindern. Sie sind aus dem Wunsch, wertvolle Bauplätze nicht mit Straßenmündungen zu vergeuden, in einer Zeit entstanden, als die Formen des jungen Stadtbaus noch beweglich und selbst Straßenverschiebungen fast unmerklich vor sich gingen. Den Abschluß der östlichen Schmalseite bildet die Westfront der Johanniskirche, für die durch

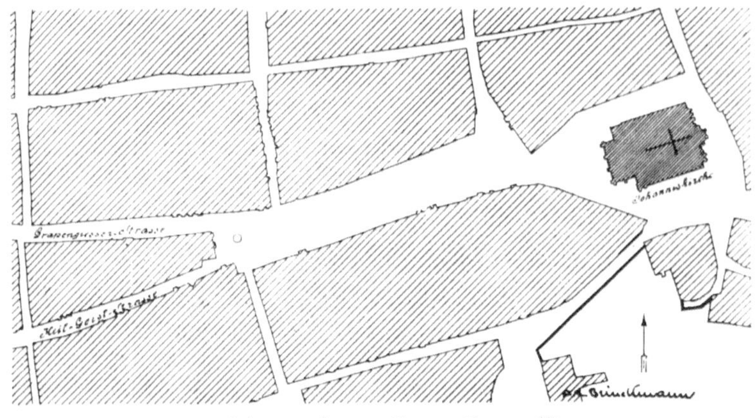

102. Lüneburg

die vorspringende Ecke des seitlichen Blocks ein kleiner,
gesonderter Vorplatz gebildet wird.

Besondere Beachtung verdienen die alten Platzbildungen
auf steigendem oder fallendem Gelände, über die der
Straßenzug meist in der Diagonalen hinwegführt. Eß-
lingen, Schwäbisch-Hall zeigen solche Situationen mit
naivem Naturalismus unter wirksamer Einfügung von
Brunnenanlagen durchgebildet. Kleine Rampen und
Treppen suchen das Hindernis in Wetzlar zu überwinden
(Abb. 104).

Planmäßig angelegte, annähernd rechteckige Markt-
plätze finden sich schon früh in den Seite 171 erwähnten
ostelbischen Koloniestädten (Abb. 10 und 11). Häufig waren
sie von Laubengängen in Fachwerk oder auch Mauer-
werk umzogen. Erhalten ist eine solche Anlage in Heils-
berg in Ostpreußen, Reste finden sich in verschiedenen
Städten. Die deutsche Renaissance bildete diese Form
nur zu größerer Regelmäßigkeit aus, ohne zunächst die
räumliche Wirkung zu vertiefen. Bei dem etwa 230 m
im Quadrat großen Marktplatz von Freudenstadt im

134

103. Lüneburg — Am Sand, Blick nach Weſten

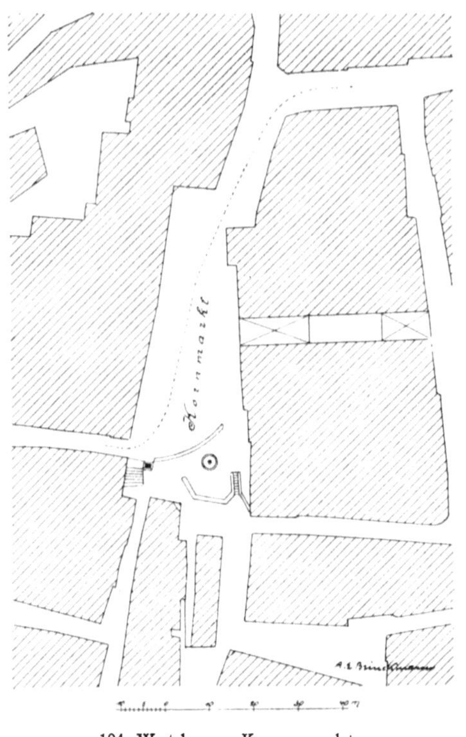

104. Wetzlar — Kornmarkt

Schwarzwald (Abb. 105) möchte man infolge der über-
dehnten Ausmeffung fogar von einer Verflachung fprechen.
Allerdings war der Platz, den jetzt wirre Einzelgärten,
Wetterhäuschen und ein eiferner Mufikpavillon verstellen,
für einen zentral gelegenen Schloßbau berechnet. Später
hatte man fich damit begnügt, in der Mitte einen fehr
großen Laufbrunnen, in den vier Ecken kleinere aufzuftellen. Die Häufer find wie an den Straßen (Abb. 76)
durch fchmale Durchgänge voneinander getrennt, zwang-
los ift gegen den Markt in ihr Erdgefchoß ein Laubengang eingebaut. In einer Ecke liegt mit zwei rechtwinklig
gegeneinander ftoßenden Flügeln das Rathaus, gegenüber die ebenfo geftaltete Kirche mit je einem Turm an
136

105. Freudenſtadt — Marktplaß mit Rathaus

den Giebelwänden. Vier Hauptſtraßen gehen ſenkrecht von den Seitenmitten des Marktes aus, ſchmälere Straßen von den Ecken in gleicher Richtung. Parallel zu den Platzſeiten laufen andere Straßen, ein Haus tiefe Grundſtückſtreifen bildend.

Neu belebt wurde die deutſche Stadtbaukunſt durch den franzöſiſchen Stadtbau, der ſeinerſeits das Erbe des römiſchen Barocks angetreten hatte. Eine Zuſammenſtellung ſeiner Prinzipien habe ich in dem Werk „Stadtbaukunſt — Hiſtoriſche Querſchnitte und neuzeitliche Ziele" (1920) gegeben. Die Leiſtungen in Deutſchland entſprechen der geringeren Bedeutung der kleinen Souveräne dem franzöſiſchen Königtum gegenüber, doch bilden ſie gegenüber dem Franzöſiſch-Rationellen Feinheiten aus, die man beſſer verſteht, wenn man die Geſichtspunkte kennt, nach denen Platzanlagen durch franzöſiſche Architekten geſtaltet ſind. Ein Beiſpiel dafür auf einſt deutſchem

137

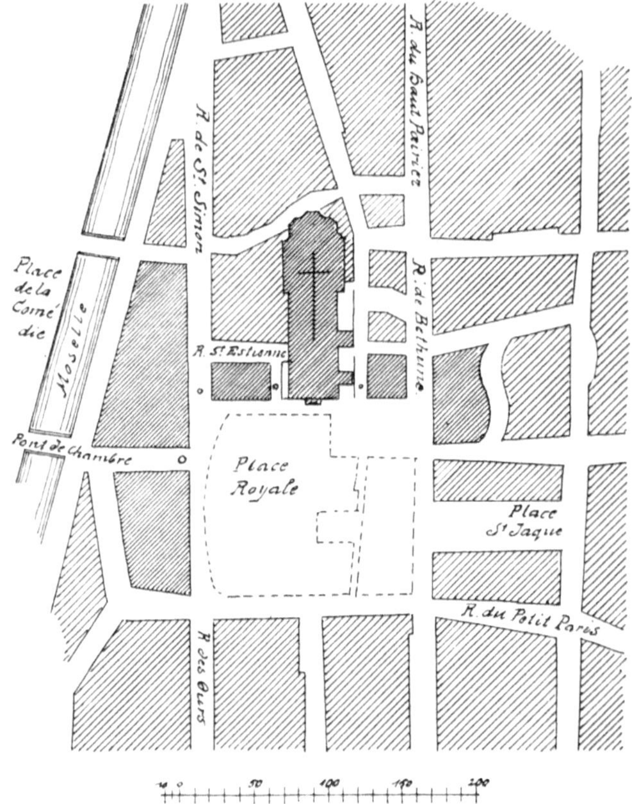

106. Metz — Projekt einer Place Royale von Jean Antoine 1752

Boden, das die Umwandlung einer älteren Situation dar-
ſtellt und auch noch von unſerer Zeit behandelt iſt, gibt
die Platzgruppe neben dem Dom von Metz. Wir ſtellen
drei Pläne nebeneinander: den Vorſchlag, den der
Departementsarchitekt Jean Antoine — nicht zu ver-
wechſeln mit Jacques Denis Antoine — 1752 einreichte,
und den er ſpäter in ſeinem Traité d'architecture in einem
ſchlechten Holzſchnitt veröffentlichte (Abb. 106 unter leicht
beſſernder Umzeichnung dieſes Holzſchnittes), dann den
Vorſchlag J. F. Blondels von 1764, in ſeinem Cours
138

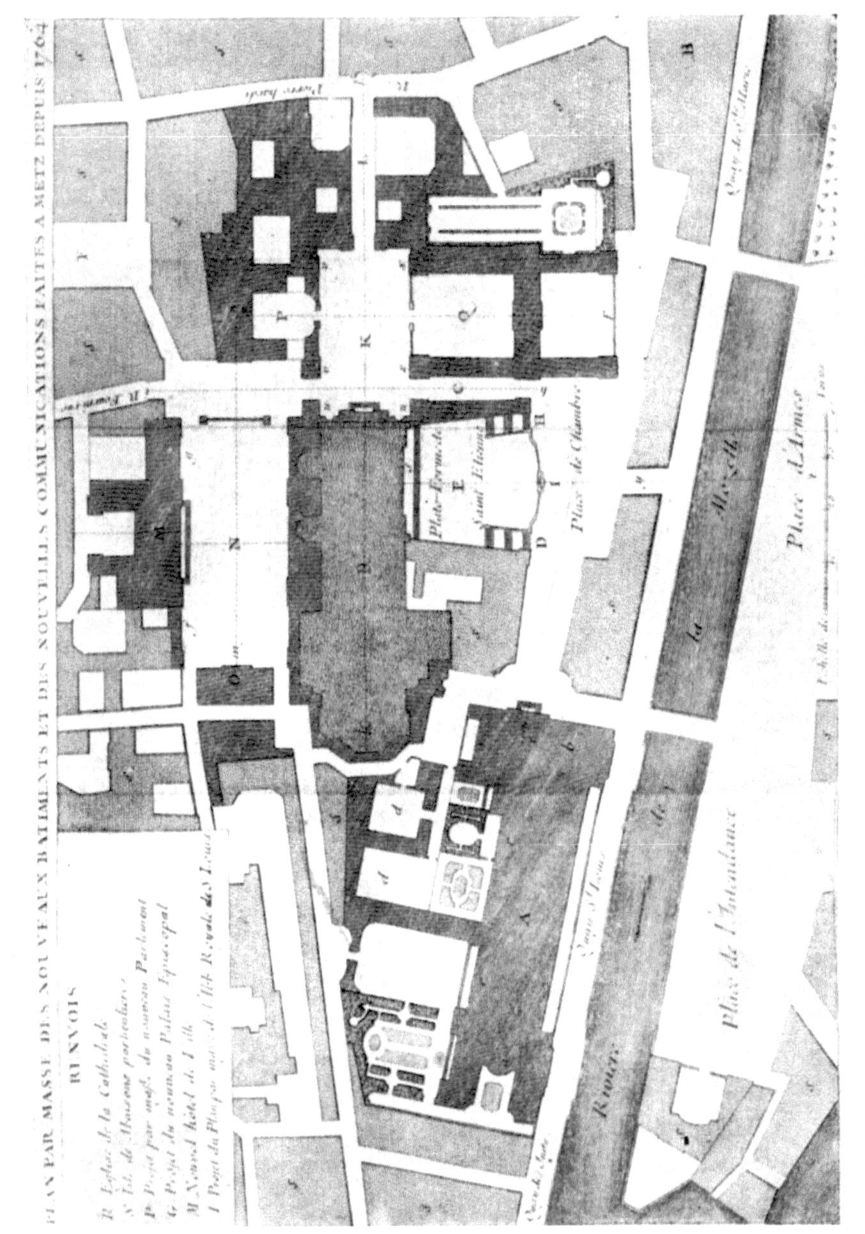

107. Metz — Umgestaltung der Umgebung des Domes nach J. F. Blondel 1764

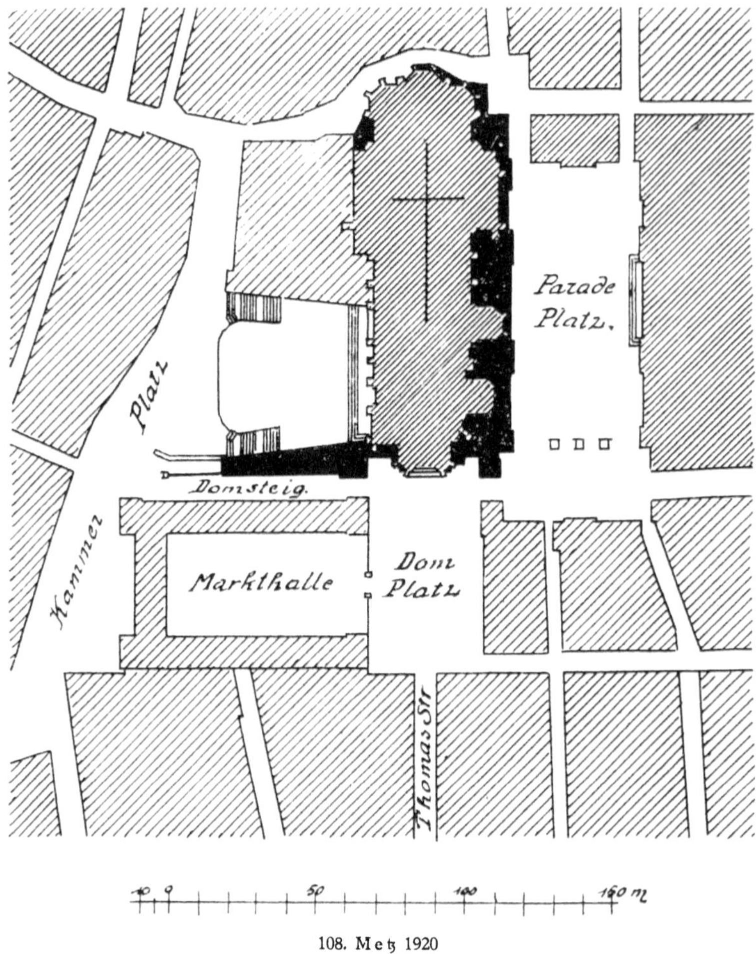

108. Metz 1920

d'architecture, Paris 1771—77, Bd. 4, Kap. V veröffentlicht
(Abb. 107), und endlich einen Plan, der die heutige Situa=
tion darstellt und auf dem die jüngst niedergelegten
Bauten von mir schwarz eingetragen sind (Abb. 108).

Nach der Befestigung durch Vauban und Cormontaignes
war die Bedeutung der Stadt Metz vor allem eine militärische geworden. Militärische Gründe rechtfertigten auch

140

109. Metz — Paradeplatz

beim König die Umbauten, die der Gouverneur Herzog von Belisle zur Verſchönerung der Stadt vornahm. Ihm reichte Antoine ſeinen Entwurf zur Umgeſtaltung der verbauten Umgebung des Domes ein. Der Entwurf legt vor die turmloſe Weſtfront des Domes einen annähernd quadratiſchen Platz, links und rechts vom Dom Rathaus und Stadtverwaltungsgebäude errichtend. Gegenüber münden ſenkrecht drei Straßen ein, die vorhanden waren, aber grade gelegt ſind. Die übrigen Hausfronten gegen den Platz erhalten eine gleichmäßige, monumentale Durchbildung — eine Kompoſition, wie ſie ähnlich in Reims, Rouen geſchaffen wurde: ein Platz mit Richtungsachſe gegen die baulich ausgezeichnete Seite.

Man halte gegen dieſes ſimple Projekt, was Blondel aus der Aufgabe machte. Der Nachfolger des Gouverneurs Belisle, der Maréchal d'Estrées, mußte verſuchen, aus vielen, zum Teil ein wenig überſtürzten Arbeiten

141

feines Vorgängers das beste Refultat für die Erfcheinung
der Stadt zu ziehen. Eine Anzahl von Bauten war noch
zu errichten, unter anderem ein Rathaus, ein bifchöfliches
Palais, ein Parlamentsgebäude. Zur Ausarbeitung eines
einheitlichen Bauplanes wurde ihm Blondel empfohlen,
der verfchiedene Entwürfe machte (find diefe noch vorhanden?), von denen der abgebildete von 1764 die Zu-
ftimmung des Gouverneurs fand. Als Grundachfe für
die ganze Anlage wählt Blondel die Achfe der Kirche.
Diefe erhält einen rechteckigen Tiefenvorplatz in ihrer
Breite, deffen Einleitung eine in der Achfe liegende
Straße bildet. Der Kirche wird ein einarkadiger Portikus
vorgelegt. Seine Formen geben die Überleitung von dem
fakralen Stil des Domes zu den fchlichten Formen der
Gebäude P und Q, vor allem aber einen klaren Point
de vue für die Straße. Senkrecht zu diefer Achfe k1
wird vor der Kirchenfront eine Straße vorbeigeführt
— Blondel tadelt fie als zu fchmal und tatfächlich mußten
die Bauten an der Plattform fpäter fallen —, die den
Zugang zum Platz vom Fluß her bildet. Ein weiterer
Zugang zur Kirche geht über eine Treppenrampe, deren
Achfe wiederum fenkrecht zur Grundachfe fteht und über
den Fluß hinweg einen Ausblick auf die prächtige, in
weitem Halbkreis fich öffnende Anlage des kurz vorher
erbauten Theaters gibt.

Parallel zur Grundachfe liegt füdlich vor dem Dom der
Hauptplatz, der ein feines Ausbalancieren der Maffen
gegeneinander zeigt. Es kam Blondel darauf an, das
Rathaus gegen den Dom zur Geltung zu bringen, und
aus diefem Grunde verbreitert er zunächft die Faffade
von 49 m auf 96 m, fie nach beiden Seiten in fchöner
Gliederung über Privathäufer hinwegführend. Weiter
unterftützt er die Wirkung des Rathaufes, indem er
deffen Faffadenmotiv mit leichter Abänderung für die
nur zweigefchoffigen Bauten an den Schmalfeiten des

142

Plaßes verwendet (Abb. 109). Endlich schaltet er die für die Raumwirkung des Plaßes ungünstige Mitwirkung der gotischen Strebepfeiler durch einen Vorbau aus, der in der Grundrißlinie seiner Faffade mit dem Rathaus korrespondiert. Die Ansicht des Domes von der Mosel her (Abb. 7) läßt ein solches Vorspiel nur günstig für die kristallinisch auffchießende Gliederung seiner Maffen erscheinen. Diese wollen gar nicht an die Erde gebannt sein — jede raumbildende Faffade muß den Zufammenhang mit der Plaßfläche suchen —, ihr Reich ist der Himmel, in den sie ihre Spißen emportreiben bis zur völligen Auflöfung der Materie. Das erkannte Blondel, als er den Wirkungsbedingungen seines Plaßes nachging. Er fah auch ein, daß das Verhältnis des Plaßes mit 42 : 120 m ein zu geftrecktes war. „Pour corriger en apparence la longueur de cette place, on a élevé un mur d'appui en balustrade d'une certaine hauteur, terminé par un piédestal à chaque extrémité, servant de fontaine, et surmonté de trophées d'armes; ce mur en corrigeant cette extrême longueur, forme pour ainsi dire une avant-place devant le Parlement" — der vollftändig regelmäßig komponiert ift. „Ce moyen est une ressource, sans doute; mais elle ne fait que pallir de défaut dont nous venons de parler." Es ift ein Mittel, wie es ähnlich kurz vorher von J. A. Gabriel verwandt wurde, um die weite Fläche der Place de la Concorde in Paris für das Auge zu verkleinern.

Mit diefer umfaffenden Kompofition war eine Folge von beziehungsreichen Raumeinheiten gegeben, die in ihren durchdachten Abwägungen groß wirkten und die Bauten zur vollen Geltung kommen ließen. Jeder Teil diefer Situation bezog sich auf die anderen, schöpfte feine Lebenskraft aus dem Zufammenhang des Ganzen. Blondel schließt feine Ausführungen mit der Ermahnung: „à s'appliquer, plus qu'on ne le fait ordinairement, à concevoir que tout doit marcher ensemble, pour former un tout satisfaisant.“

Was begann die Stadtbaukunſt des neunzehnten Jahrhunderts mit dieſer ſo fein entwickelten Situation? Scheinbar wenig, und doch zerſtörte ſie ihren Lebensnerv. Der ſtilgerechte Purismus kam über den Dom und riß in den Jahren 1860—85 die Blondelſchen Anbauten nieder. Die ſcharfen gotiſchen Formen ſpringen jetzt in den Platzraum hinein, übertönen brutal die feinen Flächen der anderen Gebäude und ſaugen die raumbildende Kraft des Platzes nach oben ab. Anfang unſres Jahrhunderts wurde das Blondelſche Portal zerſtört und ein gotiſcher Vorbau angefertigt, der den Dom von ſeiner Umgebung noch mehr iſoliert. Ein ſolches Reſtaurierungsverfahren, ſcheinbar zugunſten des Domes, in Wirklichkeit zu ſeinem Schaden, muß als verkehrt bezeichnet werden, und ein ſchlechter Troſt iſt es, wenn mit ihm in franzöſiſcher Zeit begonnen wurde. Der Blondelſche Bau am Domſteig mußte 1904 Verkehrsrückſichten weichen. Die Baluſtrade auf dem Paradeplatz wurde ſchon von den Franzoſen zerhackt und für ein Denkmal Faberts hergerichtet, das im Gegenſatz zu Gewohnheiten der jetzigen Nachfolger unter deutſcher Oberhoheit ſelbſtverſtändlich geſchont wurde. Die Trophäen hatten keine ausgeſprochene Frontanſicht, die Erzfigur zwiſchen ihnen aber wendet dem einen Platzabſchnitt, dem Blondelſchen Vorplatz, den Rücken zu und entwertet ihn damit.

Neben dieſes Beiſpiel ſoll eine abſichtlich ganz beſcheidene Anlage geſtellt werden: der Obere Jakobsplatz von Regensburg (Abb. 110—112). Er dürfte kaum jemals als eine wertvolle, ja nur beachtenswerte Anlage betrachtet worden ſein, beweiſt aber, daß man ſelbſt bei unbedeutenden Situationen ſich über das Verhältnis der einzelnen Bauten zum eingefaßten Raum Rechenſchaft gab. Der Platz, deſſen Geſamtgrundriß auf dem Plan

144

fehr unregelmäßig erfcheint, fteigt gegen das Präfidium
an. Diefe Bewegung unterftützt das Verfchmälern des
Raumes durch zwei Reihen Bäume, die heute zu groß
geworden find. Sie dienen gleichzeitig dazu, die Unregelmäßigkeiten auszufchalten. Dem fchmal vorwärts-
fchießenden Teil des Platzraumes entfpricht als kräftige
Gegenwirkung die vorfpringende, fchattenreiche Säulenhalle des Präfidiums. Auf der anderen Seite dehnt fich
der Platz ruhig in die Breite, das Mittelrifalit des Theaters
ift faft in die Fläche des Baues eingeebnet, nur feitliche
Vorhallen laffen das am gegenüberliegenden Gebäude
ftark angefchlagene Motiv ins Zierliche ausklingen. Die
feitlichen Bauten find niedriger wie das Theater gehalten.

Überrafchend entwickelt fo diefer unbedeutende Platz,
der nicht einmal architektonifch einheitlich ausgebaut ift,
feine Formen aus einer Anzahl von Beziehungen, Verbindungen und Gegenfätzen, — Qualitäten, die feine Erfcheinung zu einer einheitlichen machen. Die Gefchloffenheit des Eindrucks ift erreicht, indem der architektonifche
Ausdruck in Formen gegoffen ift, die miteinander über-
einftimmen. Ein Gebäude mit ftarkem Relief an Stelle
des Theaters würde den Zufammenhang erfchüttern, noch
weitere auf den anderen Platzfeiten ihn fprengen.

Ganz allgemein läßt fich der Satz aufftellen: je mehr
differierendes Relief die Platzwandungen zeigen, um fo
weniger kann der Platz eine Raumwirkung herausbilden.
Umgekehrt laffen fich durch maßvolle Flächenbehandlung
die verfchiedenften Architekturen in ihrer Wirkung zu
einer raumumfchließenden Platzwandung zufammenziehen.
Als Beifpiel dafür fei der Alte Kornmarkt, jetzt Moltke-
platz, von Regensburg genannt (Abb. 113 und 114). Der
Römerturm paßt fich völlig in die Wandung ein, die
Neubauten rechter Hand find gut zugefügt, wie denn die
heutige Stadtbaukunft Bayerns bedingt durch die phleg-
matifche Ruhe ihres Hausbaues fich durch ihre befonnene

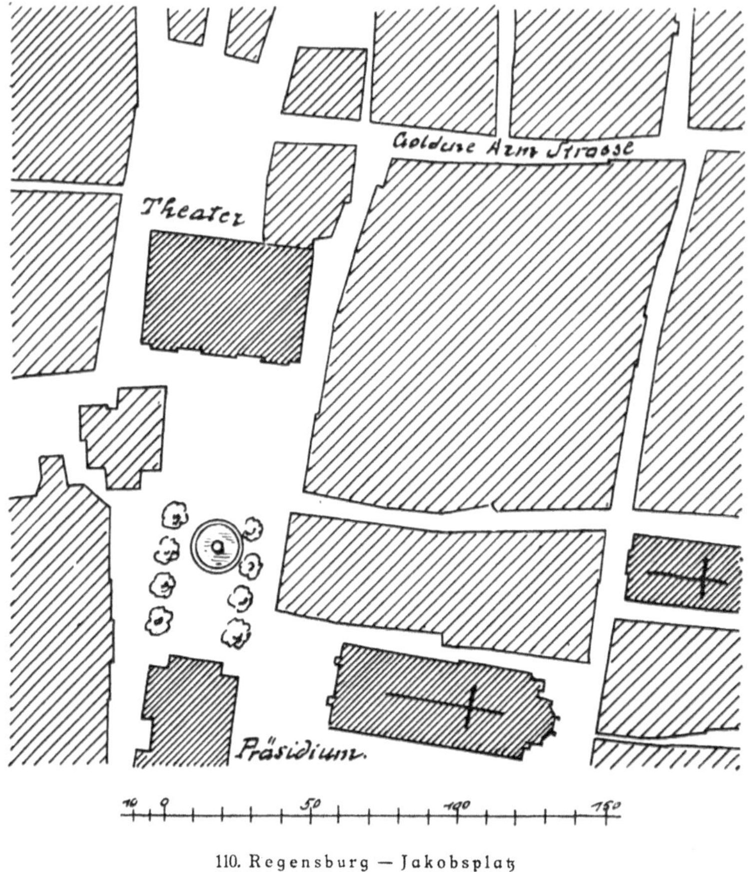

110. Regensburg — Jakobsplatz

Art in Deutſchland auszeichnet. Iſt der Platzraum einmal bis zu einer gewiſſen Zone durch die rahmenden
Architekturen gebunden, ſo wirkt es erfriſchend, wenn an
einer Stelle die Silhouette nach oben durchbrochen wird.

In ſeinen Wandungen auch nicht geſchloſſen, doch
einheitlich in ſeiner Erſcheinung iſt der Marktplatz von
Croßen (Abb. 28, 29, 35, 36). Die regelmäßige Form dieſes
Platzes, die grad einmündenden Straßen reſultieren aus
der regelmäßig rechteckigen Form der Baublöcke, und

146

111. Regensburg — Theater und Jakobsapotheke (1792)

112. Regensburg — Jakobsplaß mit Präfidium

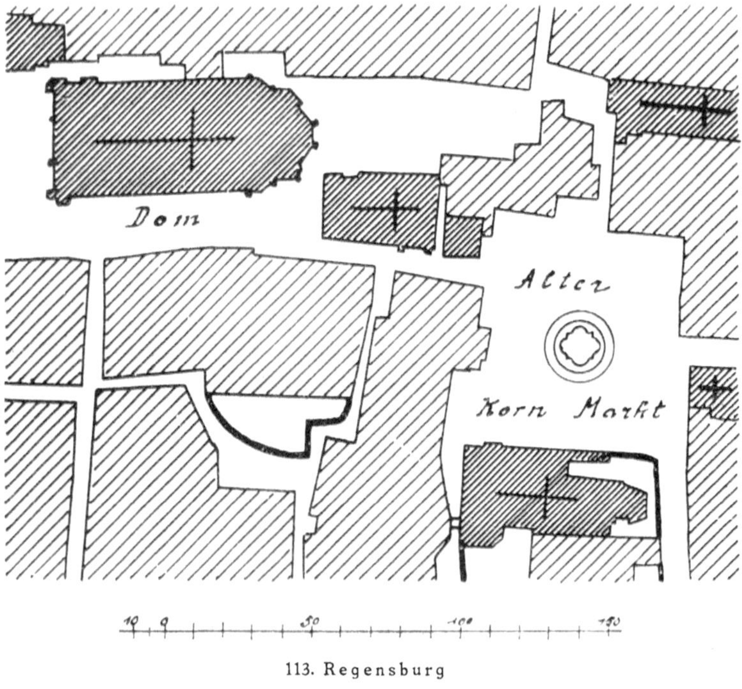

113. Regensburg

diefe wieder find das Ergebnis der einzelnen Hausbauten.
Wo der einzelne Bau in feiner Gefamtform zur Regelmäßigkeit neigt, wie öffentliche Monumentalgebäude,
unter dem Einfluß einer abgeklärten modernen Architektur
auch fchon das Privathaus und befonders mehrgefchoffige
Reihenhäufer im Innern der Stadt, ift auch Regelmäßigkeit des Bebauungsplanes Vorausfeßung ihrer Wirkung.
Möchte diefe einfache Überlegung doch nun endlich auch
von den Stadtplanern eingefehen werden, die immer
noch fich auf Pläne wie den Abb. 126 gebrachten ein-
fchwören. Es ift merkwürdig, daß hier die Älteren die
Romantiker, die Jüngeren die Pragmatiker find. Eine
Regelmäßigkeit erftreben wir wie etwa in Croßen, die
man als lebendige bezeichnen möchte, kein Rafterfchema
des neunzehnten Jahrhunderts! Der Architekt, der Be-
148

114. Regensburg — Alter Kornmarkt (Moltkeplaß)

bauungspläne ausarbeitet, hat diefer Richtung nachzugehen, denn töricht wäre es, Architekturen für einen Plan zu erfinden — und wenn er es tut, ift dies nicht von anderen zu verlangen —, wo doch der Plan als umfaffendere Einheit nur die einzelnen Bauten ihrem Charakter nach disponieren, Möglichkeiten ihrer Anordnung gewähren foll. Über einem regelmäßigen Plane eine unregelmäßige, lebhaft konturierte Gebäudegruppe zu ,errichten, ift leicht. Schwer jedoch ift es, über einem höchft willkürlichen Plan ein monumentales Gebäude aufzuführen, deffen noblere Wirkungen in feinen Proportionen und Maffenverhältniffen beruhen.

Froftige Regelmäßigkeit der Plaßgrundriffe erfindet erft die zweite Hälfte des neunzehnten Jahrhunderts, jenes Jahrhunderts der Abftraktion und des begrifflichen Intellekts. Nicht ungünftig und vor allem noch aus einem

149

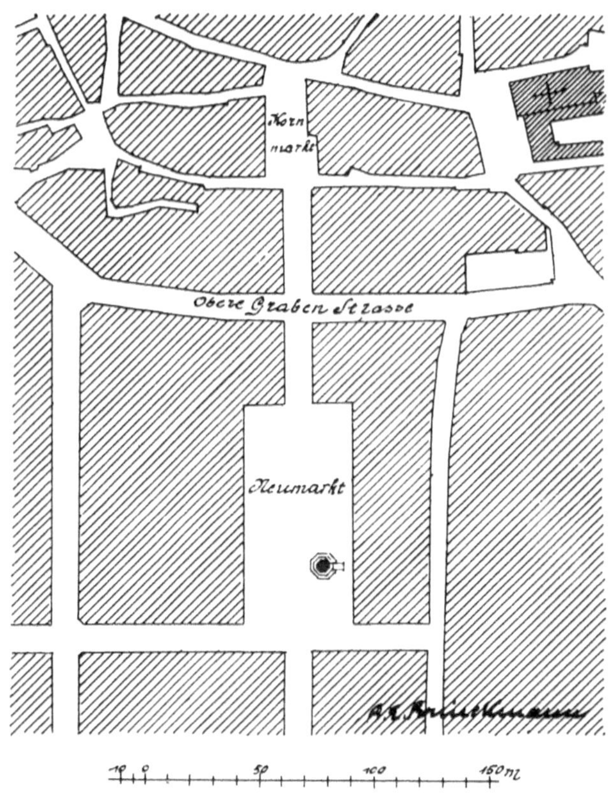

115. Limburg an der Lahn — Neuerer Stadtteil

ſicheren Gefühl für Raumrhythmik heraus iſt der Neu-
markt in Limburg an der Lahn um 1820 angelegt
(Abb. 115). Mit dem alten Kornmarkt zuſammen ſchafft
er eine Achſe als Einleitung zu dem mittelalterlichen
Stadtgefüge. Auch der Louiſenplatz in der unter Großherzog Ludwig angelegten Neuſtadt von Darmſtadt
(Abb. 116 und 117) hebt ſich immer noch aus dem Zuge
der Straßen durch ſeine bedeutenderen Architekturen
heraus. Selbſt die ſehr regelmäßigen, rechtwinklig ſich
kreuzenden Straßen machen in ihrer alten Bebauung
einen guten Eindruck, denn noch geht die einfache, nur

150

116. Darmſtadt — Louiſenplaß

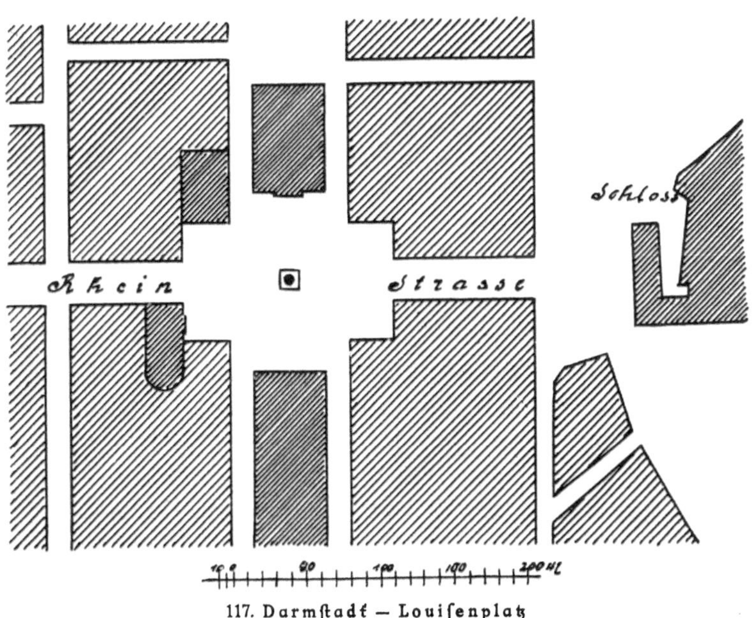

117. Darmſtadt — Louiſenplaß

151

durch ihre Flächenproportionen wirkende Durchbildung
des Haufes mit dem Bebauungsplan überein. Die Plätze
beftellte die Zeit mit zierlichen Bäumchen, oft nicht einmal ringsum, fondern nur an zwei Seiten ir je einer
Reihe. Ihr ungehemmtes Wachstum verdeckt heute in
Darmftadt die rückliegenden Gebäude, verwifcht damit
die Architektonik des Platzraumes, ohne von befonderem
Nutzen als fchattenfpendende oder durch ihr Grün er-
frifchende Anlage zu fein. Wie für jede andere Schmuck-
form im Gefüge einer Stadt, fo muß auch für Baumpflanzungen maßvolle Zurückhaltung verlangt werden,
wenn ihre ungehinderte Entfaltung nicht der architektonifchen Form dient, fie nur fchädigen würde. Wie man
es nicht machen foll, zeigt der Königsplatz ir. Stuttgart, der doch fo leicht trotz des Kunftgebäudes in eine
gute Form gebracht werden könnte.

Andrerfeits bietet die leicht formbare Vegetation
Möglichkeiten, ungünftige Verhältniffe eines Platzes auszugleichen, engere Verbindungen zwifchen ihm und den
einmündenden Straßen, feiner Fläche und den rahmenden Architekturen zu fchaffen.

Für den Entwurf, den Verfaffer zur Ausgeftaltung
eines Platzes in Bochum machte (Abb. 118), wurde die
Neuaufftellung eines Bismarckdenkmals und die Anlage
eines kleinen abgefchloffenen Platzes vor diefem zum
Abhalten von Feftfeiern verlangt. Erfchwerend bei der
Aufgabe war eine beträchtliche Niveaufenkung des Platzes
um etwa 2½ m gegen die Nordweftecke, außerdem
lagen die architektonifch und bildhauerifch ausgezeich-
neten Portale der beiden Hauptbauten nicht in einer
Achfe, die Bismarckftraße zerteilte den Platzraum ungünftig. Durch eine bereits vorhandene Baumallee und
durch bufchige Bepflanzung wurde der kleinere Platzteil
mit der nüchternen Architektur des Gymnafiums für die
Raumwirkung ausgefchaltet. Da nun der Zugang zu den

152

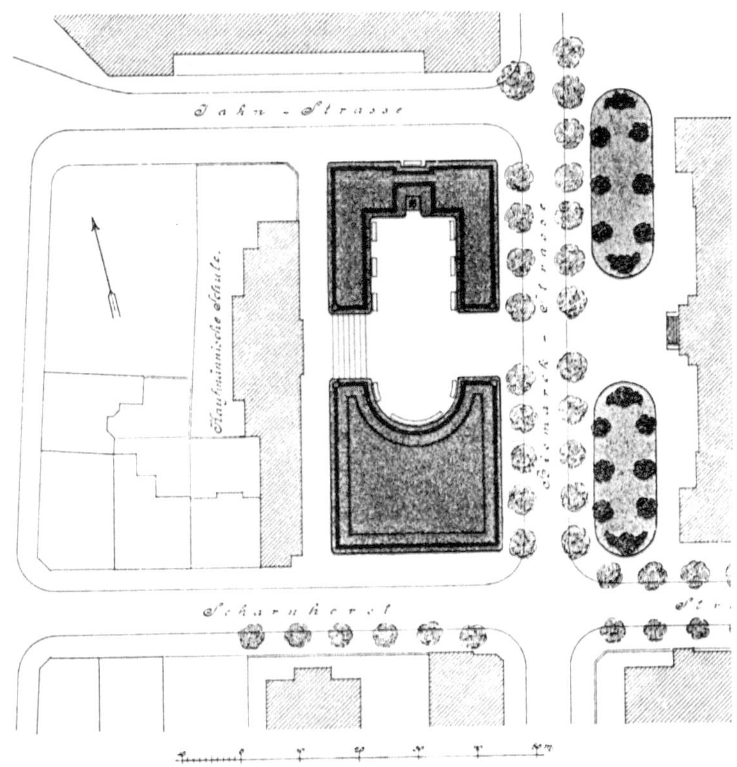

118. Bochum — Entwurf zur Ausgestaltung des Bismarckplatzes

beiden öffentlichen Gebäuden von Süden, das heißt von
der Altstadt her erfolgt, ergibt sich, falls man das Denkmal gegen die nördliche Schmalseite rückt, aus der
Niveausenkung eine höchst vortreffliche Ansicht der Platz-
fläche für den höher Stehenden, der aus dem südlichen
Teil der Bismarckstraße oder der Scharnhorststraße
kommt. Diese im Verhältnis zu den Architekturen scheinbar willkürliche Stellung ermöglicht jedoch erst die gärt-
nerische Ausgestaltung, sie erst bringt in die Fläche
Rhythmus und vermag durch entsprechende Gliederung
diese Fläche mit dem wirkungsvollen Neubau der Kauf-

153

männi[chen Schule zu verbinden. Das Hängen der Platz-
fläche nach links wird durch eine niedere Rampenmauer
ausgeglichen, [o daß ihre Senkung einzig der Längen-
ach[e des Platzes folgt und als eine Bewegung nach der
Tiefe zu de[[en Raumwirkung begün[tigt. Die[er Be-
wegungsrichtung paßt [ich der be[ondere Platz vor dem
Denkmal an. Ein [chmalerer Zugang, [enkrecht auf das
Portal der Schule zu, durch[chneidet ihn, in breiten
Treppen[tufen zu dem ur[prünglichen Niveau hinab-
führend. Die grünen Teile der Anlagen zeigen [chlichte
Ra[enflächen, die vordere zur Belebung nach innen ab-
ge[tuft, da [ie ent[prechend den klaren Flächen der
Architektur nicht durch Beete zer[tückt werden durften.
So gibt das Monument in Verbindung mit der Vegetation
dem ge[amten Platzraum Richtung. Die Querbewegung
durch ihn macht dem inneren Fe[tplatz keine Konkurrenz
und bindet doch den ganzen Platz als Vorplatz an das
Hauptgebäude. Die Anlage i[t nach die[em Entwurf kurz
vor dem Kriege ausgeführt worden.

Die Entwicklung des Stadtplatzes [eit etwa 1800 zielt
auf zweierlei ab. Einmal auf exakte Regelmäßigkeit und
genaue Maßüberein[timmung der einmündenden Straßen
unter [ich und der Wandungen zwi[chen ihnen. Das beliebte Re[ultat i[t der Sternplatz. Seine Form i[t der
gärtneri[chen Anlage entnommen und unter ähnlichen
Verhältni[[en findet man [ie noch für den Ste:n, jetzt
Karolinenplatz, in München verwandt (Abb. 119 und 120,
Zeichnung nach einem Plan von 1814). In Fort[etzung
des Max Jo[eph-Tordurchbruchs war 1807 die Max Jo[eph-
Straße und die[er Kreisplatz angelegt worden, der von
zwei [enkrecht aufeinander treffenden Straßer regel=
mäßig durch[chnitten wird, während die Max Jo[eph-
Straße in der Mitte einer viertel Kreiswandung einmündet und als Richtung das gegenüberliegende neu-
erbaute kronprinzliche, jetzt Törring-Palais nimmt. Gleich-

154

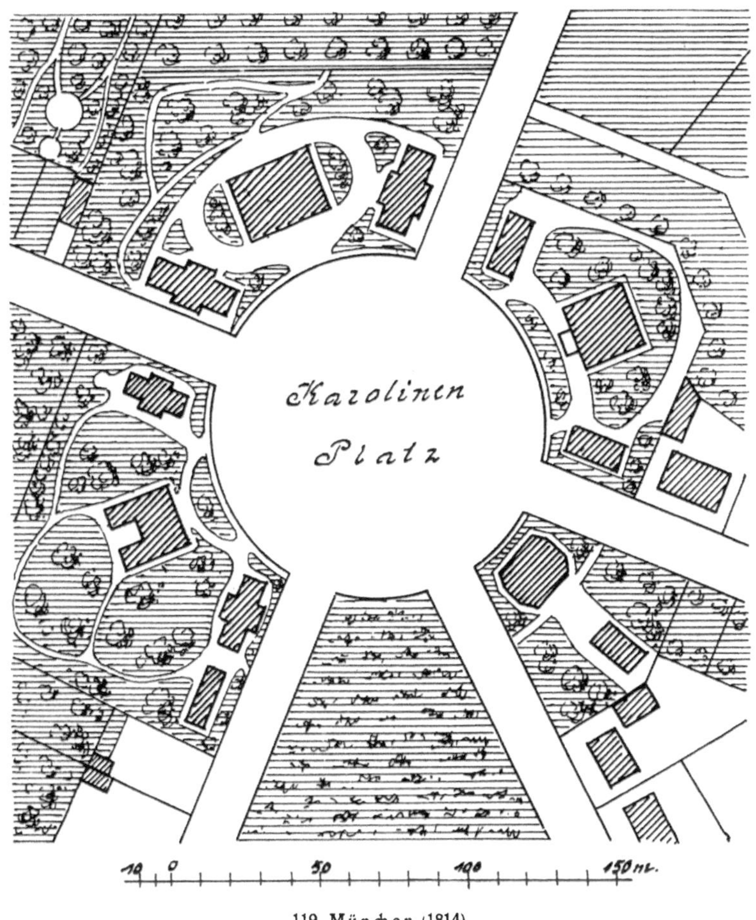

119. München (1814)

mäßig find rechts und links Bauten gruppiert, die der
Hintergrund des grünen Baumwerks miteinander verbindet. Die Feinheiten der Wirkung find heute durch
Neubauten befchädigt worden. Die Einführung einer feft
fundamentierten Richtungsachfe gibt der ganzen Situation
Beharrungsvermögen, die Wirkung läuft nicht haltlos in
die Strahlenftraßen auseinander. Der Platz ift fo groß,
daß er auch den Verkehr zu ordnen vermag, nachdem in

155

der Mitte ein Rondell mit 32 m hohem, ehernen Obelisken
angelegt worden ist, ein eherner Springstrahl, der die
räumlichen Funktionen zusammenfaßt. Der Platz bleibt
nicht isoliert. Die Hauptachse setzt sich fort gegen die
Propyläen von Klenze, vor denen der Glyptothekplatz
mit Glyptothek und Ausstellungsgebäude zu beiden Seiten
sich dehnt, während ein Halbkreisplatz jenseits des Tores
den Abschluß bildet. Sehr viel starrer in sich beruhend
die Anlage des Gärtnerplatzes im südlichen Stadtteil von
München (Abb. 121), sechs Radialstraßen in sich vereinigend und einst völlig gleichmäßig umbaut.

Man kann an solchen Beispielen sich klar machen, daß
es unrecht ist, den Sternplatz schlechtweg zu verurteilen.
Soll er für den Verkehr erleichternd sein, so ist genügende
Ausmessung und Markierung seiner Mitte Bedingung.
Soll er räumlichen Ausdruck gewinnen, so müssen die
Platzabschnitte so behandelt werden, daß man sie als
einheitlich zusammenhängend auffaßt und die Öffnungen

156

121. München — Gärtnerplatz

überwunden werden, vielleicht, doch nicht notwendiger-
weiſe, unter torartiger Überbauung der einmündenden
Straßen. Mehr als vier paarweis ſich gegenüberliegende
Auslaufſtraßen werden aber nur in beſonderen Fällen
ratſam ſein. Dagegen bekommt bei ungerader Straßen-
zahl die Straße als Perſpektive eine Platzwand.

Das andere Ziel bei der Anlage des Stadtplatzes im
neunzehnten Jahrhundert iſt bedeutende Größe. Man
verſteht, daß mit der ſchnellen Erſchließung von Geländen,
die wie in München häufig die Altſtadt an Ausmeſſung
übertrafen, der Mut dazu wuchs, und außerordentliche
Größe, die man mit Monumentalität verwechſelte, dem
Selbſtbewußtſein ſchmeicheln mußte. Der Münchener
Pinakothekplatz hat einen Flächeninhalt von 90 000 qm,
alſo faſt das Dreifache des Petersplatzes. Solche Plätze
können nur noch als Garten- oder Parkanlagen — und
zwar in anderer Weiſe wie der Münchener Platz — behandelt werden. Die Endgröße für architektoniſch überhaupt noch durchzubildende Platzausmeſſungen gibt viel-

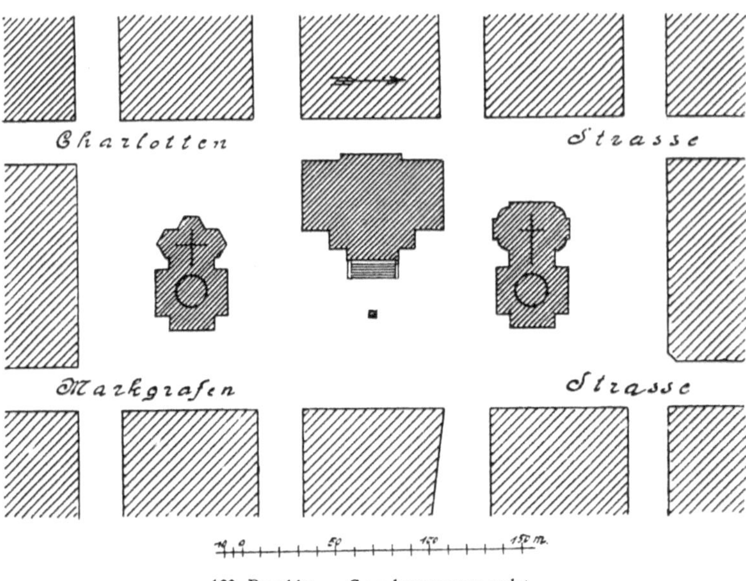

122. Berlin — Gendarmenmarkt

leicht der Berliner Gendarmenmarkt mit etwa 50 000 qm
Flächeninhalt, der feine architektonifche Ausbildung unter
Friedrich dem Großen erhielt (Abb. 122 und 123, vgl. auch
Abb. 16). Der Platz wurde mit dreigefchoffigen, befferen
Privathäufern umbaut, zu denen die Entwürfe zum Teil
Gontard und Unger lieferten. 1774 begann J. Boumann
mit dem Bau des Komödienhaufes, das nach feinem
Niederbrennen durch das Schinkelfche Schaufpielhaus er-
erfetzt wurde. 1780—85 erhielten die feit Anfang des
Jahrhunderts beftehenden Kirchen der deutfchen und
französifchen Gemeinde — in ihrer Nähe hatten fich eine
Zeit lang recht profane Baulichkeiten angefiedelt, fo
Ställe der Kavallerie, nach denen man die Kirchen fcherz-
weife die „wohlbeftallte" nannte — ihre Turmar bauten
durch Gontard. Die Raumwirkung des Platzes ift damit
abgelöft worden durch die plaftifche Wirkung diefer Gebäudegruppe, die durch ihre wundervolle Relation dem

158

123. Berlin — Gendarmenmarkt mit Schauspielhaus und Dom

Platz Halt gibt. Die Säulenhalle des Schauspielhauses in der Mitte wiederholt das Motiv, das in den Domen angeschlagen wird, erhöht es aber durch eine breite Freitreppe. Im Gegensatz zu den steigenden Kuppeltürmen steht der gedrungene Oberbau des Schauspielhauses. Die Linien, die das Auge leiten, konvergieren so gegen den Mittelbau, das Motiv einer Cour d'honneur wird zur prächtigsten Darstellung gebracht. Die Taktlosigkeit, mit der die Stadt Berlin solche Situationen behandelt, darf nicht mit resigniertem Schweigen übergangen werden (Abb. 123) — und seit dem ersten Erscheinen dieses Buches hat sich darin leider nichts geändert. Alle erdenklichen

„Stellen" werden gegründet, Kunſträte wachſen offiziell
und inoffiziell aus dem Boden, Miniſterien unterhalten
Kunſtreferenten, aber wo geht die Wirkung über ge-
ſchäftige Kleinwirtſchaft hinaus zur Dispoſition mit
großen Blicken?

Neben Maßübertreibung und Schematiſierung im Be-
baungsplan, zugleich mit dem Verluſt eines lebendigen
Raumrhythmus verſagt immer mehr das Gefühl für
Relationen. Der Platz am Ende der gegen 1840 von
Klenze und Gärtner mit klaſſiſchen, Renaiſſance- und
„romantiſch-italoromaniſchen" Gebäuden beſetzten Ludwigſtraße in München (Abb. 124) ſchematiſiert den alten Torplatz. Die Bauten, die ihn umgeben und ſeiren Grundriß ins Räumliche überſetzen ſollen, fallen zu einzelnen
Blöcken auseinander und das Siegestor, 1843—50 von
Gärtner und Metzger erbaut, ſteht neben dieſen wie ein
Spielzeug. Gedacht war es als Beherrſchung der $1^1/_4$ km
langen, 37 m breiten Ludwigſtraße! Daß andrerſeits
160

diefer Straßenzug hohe Bedeutung als Luft- und Licht-
kanal hat, vergeffen wir nicht.

Es wäre unrecht, die Verwendung des regelmäßigen
Platzes, der regelmäßigen Straße für diefen Niedergang
verantwortlich machen zu wollen. Die Schuld an ihrer
fchlechten Wirkung trägt die Unfähigkeit, fie architektonifch als lebensftarke Gebilde formen zu können.
Städte bauen, vom künftlerifchem Gefichtspunkt aus betrachtet, heißt mit dem Hausmaterial Raum geftalten.
Den klarften Raumeindruck übermittelt die regelmäßige
Formation, und darum wird diefe ftets das Element auch
des ftadtbaulichen Geftaltens fein. Der Wettbewerb Groß-
Berlin hat gezeigt, daß der fymmetrifche Monumental-
platz, die grade breite Straße das Gerüft für größere
Stadtpartien abgeben müffen. Auf fie kann fich die be-
deutfame künftlerifche Durchformung befchränken, alles
übrige kann in erfter Linie nach praktifchen Gefichts-
punkten geftaltet werden. Aber erft in folches Gerüft
foll fich das Gewebe freierer Bildungen einhängen.

Die Stadt
als künftlerifch einheitlicher Organismus

Verftändnis für das Gewordenfein der ftadtbaulichen Form, für die Veränderungen, denen fie im Verlauf der Zeit unterworfen war, machen die Stadt reizvoller für eine Betrachtung, die das gefamte Weltgefüge unter dem Gefichtspunkt der Entwicklung hat beurteilen lernen. Daß die Wertung der architektonifchen Geftaltung, der einer Situation innewohnenden Formprinzipien von diefem Verftändnis unabhängig ift, wurde im einleitenden Kapitel ausgefprochen. Kunftgefchichte faßt in fich eine nur locker zufammenhängende Zweiheit zufammen: die Unterfuchung gefchichtlicher Zufammenhänge und künftlerifcher Anfchauungen. Legt diefes Schlußkapitel, ohne einen hiftorifchen Längsfchnitt geben zu wollen, einigen Wert auf die gefchichtliche Entwicklung, fo gefchieht dies nur infofern, wie folche einen allgemeinen Einfluß auf die Siedlungsweife geübt hat. Das Problem der künftlerifchen Form in der Stadtbaukunft beginnt erft danach.

Die frühmittelalterliche deutfche Stadt entwickelt fich langfam um einen Kriftallifationspunkt — Burg, Abtei, einige Höfe —, immer weitere An- und Umlagerungen bildend. Ihren Organismus beftimmen in feinen allgemeinen Formen die wirtfchaftlichen Anforderungen des Bodens wie des Verkehrs und die der Verwaltung, die in jener Zeit mehr unter dem Gefichtspunkt der Dezentralifation wie der Vereinheitlichung fteht. Sehr deutlich find kirchlicher Kern und bürgerlicher Umbau, die in das Land ausftrahlenden Verkehrsadern und die beginnende Siedlung im Vogelfchaubild Paderborns zu erkennen (Abb. 125).

Die Bildung Braunfchweigs kann als typifch für die langfam gewachfene deutfche Stadt angefehen werden. Die Altftadt entftand aus einer Anzahl freier Herren-

162

125. Paderborn

höfe, neben denen weſtlich Heinrich I. als Glied jener
Kette von Befeſtigungen gegen die Einfälle der Ungarn
die Burg Dankwarderode gründete und damit den Höfen
einen feſten Halt gab. Von der Burg aus wird zu Beginn
des zwölften Jahrhunderts im Süden das Ägidienkloſter gegründet, von Heinrich dem Löwen neben der Altſtadt die
Weichbilder Hagen und Neuſtadt, in der die Andreaskirche (Abb. 79) ſteht, angelegt und alle drei Weichbilder unter Verſtärkung der Burg mit einer Ringmauer
umfchloſſen. Jedes bewahrt feine Selbſtändigkeit. Das
Ägidienkloſter, um das ſich nach und nach eine Anſiedlung,
das alte Wiek, gebildet hatte, wird mit dieſer Siedlung
zu Anfang des dreizehnten Jahrhunderts in den Be-
feſtigungsring aufgenommen. Die Mauer umſchloß alſo
jetzt vier Weichbilder, die Kloſterfreiheit und die Burg.

163

Ein fünftes Weichbild, der Sack, entſtand auf dem weſtlichen Vorgelände der Burg, zwiſchen ihr und der Altſtadt. Alle dieſe Teile, die erſt um 1400 zu einem Gemeinweſen verſchmolzen, das aber noch nicht eine einheitliche
Verwaltung beſaß, zeichnen ſich noch heut auf dem Stadtplan ab, Hagen und die Neuſtadt durch regelmäßigen
Grundriß, wenn auch Stadtbrände und der folgende Neuaufbau die Unregelmäßigkeiten der anderen Stadtteile
ausglichen.

Die Anfänge Rothenburgs ob der Tauber (Faltplan IV) werden Hütten und Höfe gebildet haben, die ſich
an der von der alten Burg herabführenden Herrengaſſe
ſammelten. Die Stadt des dreizehnten Jahrhunderts nahm
jene abgerundete Form ein, deren Ringmauerreſte zum
Teil noch in den Häuſern ſtecken (Abb. 90). Die Stadt
entwickelte ſich dann über den Hügelgrat nach Süden, eine
beſtehende Verkehrsſtraße als Rückgrat nehmend. Ihr
weiterer Ausbau im fünfzehnten Jahrhundert geſchah in
einer halbkreisförmigen Zone nach Oſten und Norden
unter Beibehaltung der alten Landſtraßen als Radialen und
Aufteilung der keilförmigen Geländeteile durch Straßen
parallel zur alten Stadtmauer. Die Stadt bedeckte ſo
die ganze Kuppe des Hügels, und ſeine Form war es,
die für die Erweiterungen die unregelmäßige Umfaſſungslinie zur Folge hatte.

Bei der Anlage Nördlingens 1238 (Faltplan V) wurde
dagegen die urſprüngliche Stadt im Südweſten der jetzigen
auf dem Totenberg aufgegeben und die Stadt in die
Ebene vor dem Berg verlegt. Wahrſcheinlich werden
auch hier, nach den Grundſtückformen des alten Planes
(Abb. 2) zu urteilen, ländliche Siedlungen den Grundſtock
abgegeben haben. Neben dieſen wurde der Kirchplatz feſtgelegt und im Anſchluß an ſie innerhalb der erſten ringförmigen Umwallung die Straßen gezogen. Um dieſen
Kern legte ſich in gleichmäßiger Breite die Erweiterung des

164

vierzehnten Jahrhunderts, die auf dem ebenen Terrain ein
noch glatter abgeschliffenes Oval wie die Altstadt bilden
konnte. Gegen 1600 wurden die Befestigungen erneut.

Rothenburg wie Nördlingen danken die Einheitlichkeit ihrer Erscheinung ihrem geringen Wohlstand im neunzehnten Jahrhundert, so daß sie fast verschont blieben
von Bauten aus dieser Zeit. Es wäre aber ein falscher
Schluß, daraus zu folgern, Einheitlichkeit einer Stadt sei
nur möglich durch annähernde Stilgleichheit ihrer Bauten.
Diese Beschränkung findet nicht in beiden bayerischen
Städtchen statt: ihre Kirchen sind gotisch, ihre Häuser und
Monumentalbauten zeigen alle Epochen von der Renaissance
bis zum Barock und Zopf. Dagegen ist für die einheitliche Wirkung ausschlaggebend die Beschränkung auf das
heimatliche Material und die fortlaufende Tradition im
Technischen, während unsere Zeit unter der außerordentlichen Transporterleichterung, die die Einführung fremden
Materials gestattet, der Unmenge von Kunstmaterialien
und der raschen Veränderung der Konstruktionsweise
leidet. Nur außerordentliche Bauten suchte man hin und
wieder durch ihr besonderes Baumaterial auszuzeichnen.
Die St. Georgskirche in Nördlingen (Abb. 1) verwendet
wie einige andere hervorragende Bauwerke der Stadt
einen in der Umgebung brechenden vulkanischen Trachyt-
tuff, ein wetterbeständiges Material von dunkeltoniger
Wirkung; in Erlangen ist das Altstädter Rathaus (Abb. 39)
aus dunklem Burgsandstein—Keuperformation gebaut, die
Umgebung beide Male heller Putzbau. Die einheitliche
Konstruktionsweise wirkt besonders stark in den Proportionen der Giebel, dem Neigungswinkel der Dächer
und der Gleichförmigkeit ihrer Eindeckung (vgl. Abb. 3, 4
und 26). „So wahr es ist, daß das Haus erst durch das
Dach geschaffen wird, so wahr entsteht auch eine
Stadt erst durch das Heer gleichgearteter Dächer" (Hans
Bernoulli).

Doch das find fchließlich äußerliche Bedingungen. Tiefer
wirkte die Fähigkeit, jeden Neubau aus dem Gefühl für
den Organismus der beftehenden Stadt heraus zu kon-
zipieren. Ein folcher fügte fich früher in den körperlichen
Zuftand einer vorhandenen Situation ein, trug ihren Verhältniffen, ihren Richtungen, ihren Raumrhythmen Rechen-
fchaft, je nachdem diefe beibehalten, übertroffen, abgebrochen, erweitert oder abgefchloffen werden mußten,
um den Charakter zu wahren, ihn zu fteigern oder klug
zu kontraftieren. So reihte fich eines an das andere, das
Gebilde der Stadt lebte wie ein organifches Wefen, feine
Teile entwickelten fich, bauten fich aus, erhielten be-
ruhigenden Abfchluß, rhythmifche Gliederung. Es wäre
von außerordentlichem Intereffe, genaue alte Pläne durch
die Folge der Jahrhunderte auf ihre bedeutenden Veränderungen hin, namentlich nach Bränden, miteinander
vergleichen zu können, wie es beifpielsweife für Rom
möglich ift, um die Formprinzipien des deutfchen Stadtbaus völlig klarlegen zu können. Man würde deutlich
eine Entwicklung vom Unregelmäßigen zum Geordneten erkennen, und häufig niedergebrannte Städte, wie Braunfchweig — von 1252—78 allein vier große Feuerbrünfte —
zeichnen fich auch durch die Klarheit ihrer Linienführung
aus. Alles zielt darauf ab, Gehalt und Tüchtigkeit einer
zuerft gegebenen Form zu entwickeln, während diefe
wächft. Diefer folgerechte Ausdruck in der Erfcheinung
einer alten Stadt dünkt uns ihr Charakter, und fie fteht
unferem Herzen nah, da wir einen folchen lieben.

Straßen und Plätze in diefen Städten geben eine über-
fichtliche Einteilung der Stadt. Der Reichtum ihres Grund--
riffes ordnet fich für die Anfchauung in kurzer Zeit: in
Nördlingen eine Ringftraße und fünf Radialftraßen, in
Rothenburg zwei Parallelftraßen und eine fie fenkrecht
kreuzende Nord-Südftraße. Die Flucht und Richtungs-
unterfchiede diefer Straßenzüge entfprechen ihrem freien

166

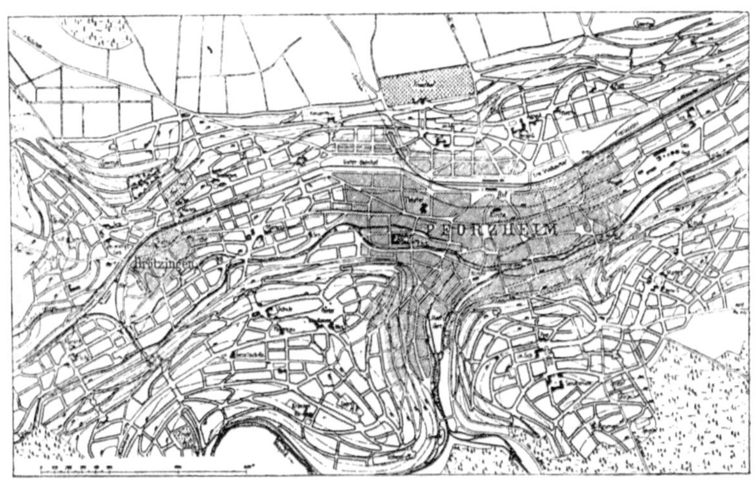

126. Pforzheim

Entstehen, sie sind naiv, unerdacht, und wie aus ihren
Korrekturen hervorgeht, nicht einmal für schön gehalten,
aber mit Bewußtsein genutzt von einer Architektur, die
aus ihnen für sich besondere Reize zu entwickeln ver-
stand. Erst in dieses feste Gerippe hängen sich die unregelmäßigen Bildungen ein. Besondere Klarheit zeichnet
Städte wie Rothenburg, Nördlingen, Dinkelsbühl
(Faltplan I), Alt-München (Faltplan III) vor einer Stadt
wie Bamberg, Würzburg (Faltplan II), Aachen aus, die
ohne Klarheit der Gruppierung verwirren und das Zu-
rechtfinden erschweren. Zeichnet sie aus vor modernen
Planungen, die unter ihrem Einfluß entstanden, wie der preis-
gekrönte Erweiterungsentwurf für Pforzheim (Abb. 126).
Diesen Entwurf kritisiert Raymond Unwin, der Erbauer
der englischen Gartenstädte Letchworth und Hampstead:
„Das Straßennetz scheint den Konturen vorzüglich an-
gepaßt zu sein; trotzdem scheint einem solchen Plane, der
für viele deutsche Arbeiten typisch ist, Einfachheit des
Grundgedankens und Methode in der Komposition zu

167

127. Köln — Anficht nach Woenfam

fehlen, die unentbehrlich find, foll der Plan leicht faß-
lich fein. Ein Fremder würde fich leicht in einer folchen
Stadt verirren. Die fortwährende Wiederholung kleiner,
unregelmäßiger Plätze und Straßenkreuzungen läßt ein
Maß künftlicher Nachahmung zufällig entftandener Motive
vermuten, das kaum zu glücklichen Ergebniffen in den
Händen moderner Baumeifter führen dürfte." Allerdings
foll nicht verkannt werden, daß das Gelände hier befondere Bedingungen ftellte. Die Stadt liegt in den
Tälern der Enz und der Nagold, Ausläufer des Schwarz-
walds reichen unmittelbar an die Stadt heran. Aber
doch hätte man fich nicht diefem haltlofen Naturalismus
hingeben und erft recht nicht Situationen zu fchaffen
brauchen, die jedes Vermögen von Raumvorftellung ver-
miffen laffen. Man fehe daraufhin die Platzbildungen an.
   Zwifchen der künftlerifchen Bewältigung von Unregel-
168

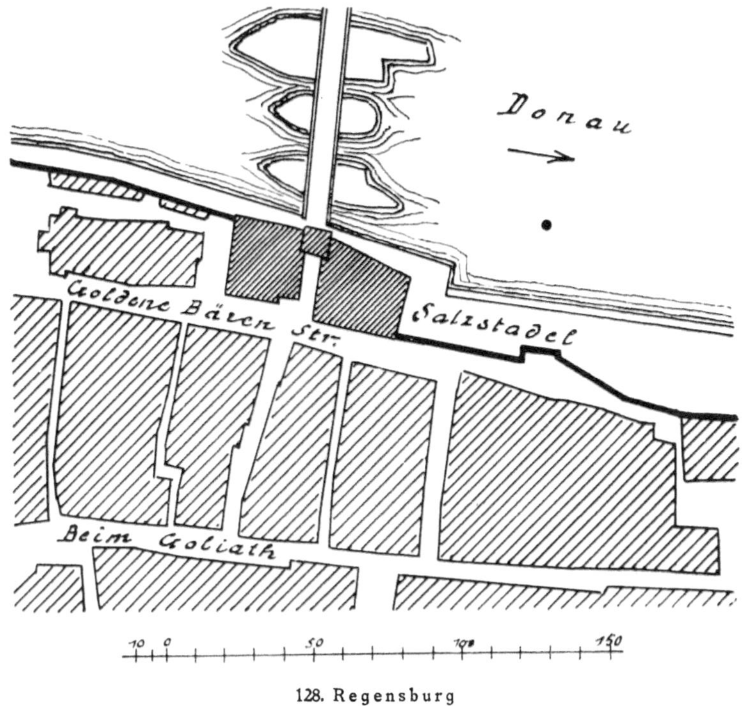

128. Regensburg

mäßigkeiten einer langſam gewachſenen Stadt und einem
abſichtlichen Projektieren ſolcher Unregelmäßigkeiten auf
ziemlich gleichmäßigem Boden beſteht ein fundamentalerer
Unterſchied als zwiſchen einem alten gotiſchen Haus
und einem modernen Neubau mit gotiſchem Detail. Denn
hier werden Formen nur äußerlich verwandt, dort aber
ein natürliches Produkt, das ſich aus der zeitlichen Form
entwickelte, künſtlich erzeugt ohne Rückſicht auf den
Wandel der Bauformen in unſerer Zeit.

Die geringe Ausdehnung der alten Stadt läßt es zu,
daß ihre Einheitlichkeit auch nach außen in Erſcheinung
tritt in der geſchloſſenen Linie ihrer Silhouette, die die
moderne Stadt verloren hat. Das Verlangen nach Größe
mancher Bauformen zu dieſer Zeit wie der Kirchtürme

169

129. Regensburg — Stadtſilhouette von der Donau geſehen

erklärt ſich zum Teil aus ihrer Wertung im Silhouettenbild
der Stadt (Abb. 128 und 129, Turmhelme aus neuerer
Zeit). Nur von größeren Plätzen aus, innerhalb der Stadt,
bietet ſich manchmal auch heut noch bei gewaltiger, die
Silhouette vernichtender Ausdehnung ein ſolches Bild wie
in Straßburg (Abb. 130). Oder von breiten Flußläufen
aus wie die feſtliche, unvergeßliche Silhouette Dresdens,
geſehen von der Elbebrücke. Der Fluß vertritt hier den
feſten Gürtel des Mauerringes. Wie ſehr man die Erſcheinung der Stadt als weittragendes Silhouettenbild
goutierte, bezeugen die vielen Stadtanſichten auf Tafel-
bildern, während Anſichten der inneren Stadt in der alt-
deutſchen Malerei ſeltener ſind. Ein Holzſchnitt des Anton
Woenſam (Abb. 127, Teilausſchnitt) zeigt die ganze Zier-
lichkeit eines ſolchen Proſpektes.

Über die bewußt in einem Wurf geſchaffene Stadt-
bauform der Gotik unterrichten jene deutſchen Koloni-
ſationsgründungen öſtlich der Elbe bis ins heutige Ruß-
land hinein, die eine gerundete Geſamtform durch ein
170

130. Straßburg i. E. — Blick auf das Münster

Netz regelmäßiger, sich rechtwinklig kreuzender Straßen aufteilen und einen rechteckigen Platz von der Größe eines Baublocks oder vier zusammengelegener in der Mitte schaffen (vgl. S. 16). Sie gehören meist dem dreizehnten Jahrhundert an und finden zahlreiche Parallelen im Süden Frankreichs (vgl. des Verfaffers „Stadtbaukunst" 1920), in England (Winchelsea 1277), in Spanien (Bilbao 1300), in Italien (Castelfranco), in Böhmen und Ungarn (deutsche Gründungen: Königgrätz 1225, Eger 1234, Leitmeritz 1235, Pilsen, Budweis, Freistadt in Oberösterreich, Klaufenburg 1272, Temesvár, Lemberg, die Erweiterungen Prags usw.). Der Grundriß Neubrandenburgs (Abb. 131), das 1248 auf Anweisung des Markgrafen Johann von Brandenburg durch einen Ritter Herbord unter Beleihung mit dem Rechte der Stadt Alt-Brandenburg gegründet wurde, ist typisch. Für größere Ausdehnung wird das Schema nebeneinander wiederholt, so in Rostock dreimal (Faltplan VI). Die

171

genaue Gründungszeit der drei Stadtteile ift unbekannt,
doch muß die Altftadt vor 1218 befiedelt, die Mittel- und
Neuftadt kurz danach angelegt fein, denn 1252 werden
die Pfarrherren von St. Jacobi, Marien und Petri nebeneinander erwähnt. Schon 1265 vereinigen fich die jüngeren
Anlagen und die Altftadt zu einem Gemeinwefen mit
nur einem Rat und nur einem Gericht. Die alte Wenden-
ftadt R o f t o ck vermutet man im Sumpf der Warnow
öftlich der Altftadt, deren Unregelmäßigkeiten Zeichen
der älteften Anlagen find und auf beftehende Verkehrsftraßen zurückgehen mögen. Bei D r e s d e n geftaltete
fich, wie erwähnt, diefe vorgefchichtliche Siedlung zur
Neuftadt um (vgl. Seite 42).

Auf ein künftlerifches Stadtbauideal der Zeit darf
man ebenfowenig aus den unregelmäßigen wie diefen
geordneten Anlagen fchließen. Sie find die ruhige klare
Form des bewußt, ohne höhere künftlerifche Abfichten
fchaffenden Menfchen. Ein Formideal exiftiert überhaupt
nicht, will man als folches nicht die Uneinnehmbarkeit
der Stadt hinftellen, wie fie in der gleichzeitigen Literatur
gefchildert wird. Die regelmäßige Form mit rechteckigen
Baublöcken wird in Deutfchland lange Zeit für einheitliche Stadtanlagen und Erweiterungen wie etwa die von
S t u t t g a r t (Abb. 78) beibehalten. Die Altftadt nahm
hier die Größe des Burgfriedens ein und war 1826
befeftigt worden. Die Häufer ftanden in den engen
krummen Gaffen ganz dicht beifammen, namentlich um
das Schloß und die Stiftskirche. Die füdliche Eßlinger
Vorftadt, die fich um die St. Leonhardtskapelle parallel
einem Verkehrsweg und dem Nefenbach bildete, wird
1350 zum erftenmal erwähnt, ihre Bevölkerung nahm
zu durch die Kriege mit den Reichsftädten. Sie zeigt im
Gegenfatz zur Altftadt geordnetere Straßenzüge, doch
wird man nur für den füdlichften Teil eine planmäßige
Feftlegung annehmen dürfen. Anders die nördliche Vor-

172

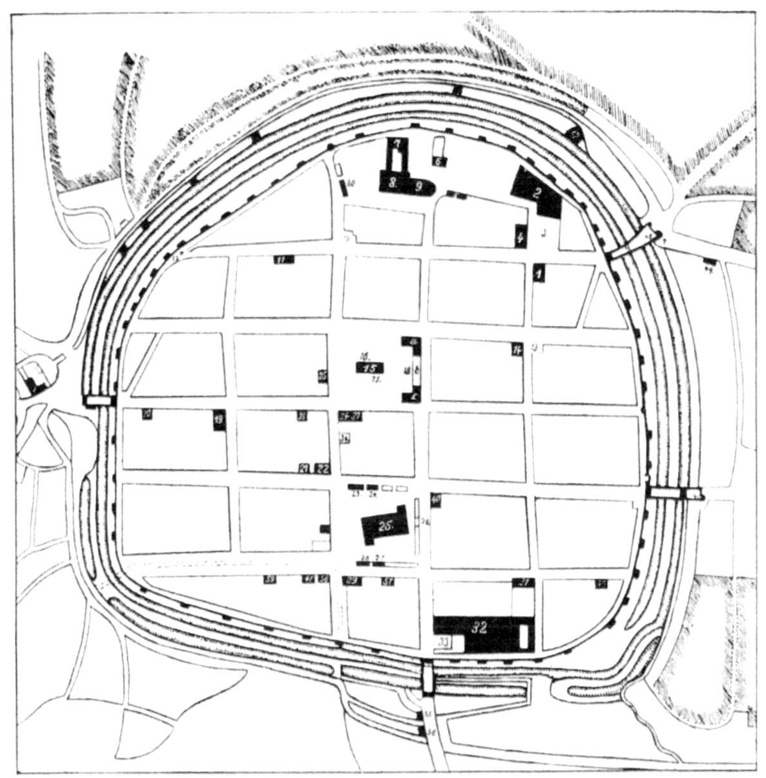

131. Neubrandenburg (1 : 10000)

ſtadt, der Tournieracker. Der Bauplan, nach welchem dieſes Gelände „der Schnur nach" angelegt und in 12 Schritt breite, 500 Schritt lange Quer- und Kreuzgaſſen eingeteilt wurde, geht auf Graf Eberhard im Barte zurück, iſt aber nicht älter wie 1483. Vielleicht ſpielen hier Einflüſſe aus Italien mit, wo der Graf ſich einige Zeit aufgehalten hatte. Die geſamte Umwallung, wie ſie der Stich von Merian 1643 zeigt, war 1557 vollendet. Wie in der Eßlinger Vorſtadt, ſo wohnten auch hier zunächſt nur ärmere Leute, „arme Tropfen", aber bald nach der Sicherung durch Mauer und Graben fand

173

man hier „die luſtigſten Straßen, ſchönſten Häuſer und reichſten Leute", und ſie hieß von nun ab „die reiche Vorſtadt". Die Schönheit dieſer Straßen liegt zum Teil in ihrer heiteren Ausſicht über Stuttgart hinweg auf die jenſeitigen Hügel (Abb. 77) und die Schaffung ſolcher Ausſichten rechtfertigt ſicherlich die Anlage grader Straßen hügelaufwärts. Vor allem aber bedeuten ſie einen hygieniſchen Fortſchritt gegenüber den Straßen der Altſtadt, in ſie dringt Licht und Luft ein. Die Baublöcke ſind ſo groß bemeſſen, daß ſie Innengärten enthalten können.

Es iſt nicht unſere Aufgabe, alle Gründungen dieſer und der ſpäteren Zeit aufzuzählen, doch ſollen die wichtigſten erwähnt ſein. Den Anlaß zur Gründung Freudenſtadts im Schwarzwald 1599 (Abb. 76 und 105) gab die Vertreibung der Proteſtanten aus Öſterreich, denen Herzog Friedrich I. hier eine Zuflucht bot. Befeſtigungen waren vorgeſehen, kamen aber über Anfänge nicht hinaus. Der Grundriß der Stadt (vgl. Seite 136) ſtammt von Schickhardt, iſt aber erſt die Redaktion des urſprünglichen Planes nach Wünſchen des Herzogs. Beide Entwürfe befinden ſich im Archiv von Stuttgart. Der erſte zeigt regelmäßig ſich kreuzende Straßen, die Kirche liegt in der Mitte eines beſonderen Platzes, das Schloß bildet eine Ecke der Stadt. Der zweite Entwurf ſtellt in die Mitte des Platzes über Eck das quadratiſche Schloß. Ebenfalls aus dem Ende des ſechzehnten Jahrhunderts ſtammt Neu-Hanau, von vertriebenen Wallonen und Niederländern in der Teilform eines Achtecks angelegt. Am Hauptplatz liegt das Rathaus, in ſeiner Achſe auf einem beſonderen Platz die franzöſiſche und holländiſche Kirche zu einem merkwürdigen, in Einzelheiten an den Temple von Quevilly erinnernden Bau vereint.

1606 von holländiſchen Ingenieuren das alte, 1689 niedergebrannte Mannheim unter Friedrich IV. von der

174

Pfalz als Feſtungsſtadt angelegt. 1607 wurden ihm Stadt-
rechte verliehen. Bereits 1622 eroberte und verwüſtete
es Tilly. 1652 findet eine Neugründung mit bunter Be-
ſiedlung ſtatt. 1689 wird die Stadt von Franzoſen niedergebrannt. Erneut läßt ſie Kurfürſt Johann Wilhelm Anfang des achtzehnten Jahrhunderts von dem holländiſchen
Feſtungsbaumeiſter Coehorn wieder aufbauen. Karl
Philipp verlegt hierher ſeine Reſidenz und gibt mit dem
Schloßbau der Stadt Richtung und Halt. Das ſind Daten,
die ein dramatiſch großes Bild vom Lebensgang einer
deutſchen Renaiſſanceſtadt entrollen. — Ebenfalls unter
holländiſchem Einfluß entſtand 1621 Friedrichsſtadt
an der Eider.

Von architektoniſch wertvollen Kompoſitionen kann
man jedoch bei dieſen Anlagen kaum ſprechen. Gleich-
wertig ſteht hier ein Block neben dem anderen, gleich-
wertig ſind die Straßenzüge, und dieſes einfache, metriſche
Gefüge ermüdet, wenn man auch nicht gleich von einem
„geiſttötenden Schema“ ſprechen ſollte. Den Schritt vor-
wärts hatte inzwiſchen die italieniſche Renaiſſance getan.
Auch ſie verlangte klare Ruhe überſichtlicher Form im
Gegenſatz zur Unruhe und Geſetzloſigkeit der mittelalterlichen Stadt, ſie verlangt aber noch weiterhin, daß
dieſe reinliche Kompoſition ſich nicht aus Gleichheiten
zuſammenſetzt, ſondern in ſich Höhepunkte hat, nach
denen gruppiert werden kann. Der Barock in Rom
hatte dieſe Anſchauung mit prachtvoller Vitalität durchdrungen, Paris klärte ſie ab und verfeinerte ſie. Deutſchland, von der überragenden Macht des franzöſiſchen
Königtums angezogen, nahm deſſen Architektur als Anregung auf, verſtand es aber, ſie mit eigenem Ausdrucks-
vermögen zu durchdringen. Beſonders die Vertreibung
der Refugiés nach Widerrufung des Edikts von Nantes
(1685) gab deutſchen Souveränen die Möglichkeit, ganze
Städte neu entſtehen zu laſſen, wie Ludwig XIV. es ihnen

mit Verſailles als königlichſter Kunſtbetätigung vor-
geſtellt hatte. Als die wichtigſten, zum Teil ſchon erwähnten Gründungen ſind zu nennen: B e r l i n (vgl.
Seite 83); D a r m ſt a d t, wo 1695 ein Teil des Schloß-
gartens bebaut wird und noch zahlreiche Häuſer ſich erhalten haben; E r l a n g e n; C a r l s h a f e n an der Weſer
1699, urſprünglich Sieburg, von dem heſſiſchen Ar-
tilleriehauptmann Conradi für franzöſiſche Flüchtlinge
erbaut; R a ſt a t t (Abb. 132) Anfang des 18. Jahrhunderts
in Nachahmung von Verſailles; L u d w i g s b u r g 1709;
die Oberneuſtadt von C a f f e l; K a r l s r u h e 1715 (Falt-
pian VIII); N e u ſt r e l i ß 1726, um einen quadratiſchen,
von acht Radialſtraßen in Seitenmitten und Ecken ge-
öffneten, geneigten Plaß, auf deſſen einer Blockecke der
Zentralbau der Stadtkirche liegt; die Friedrichſtadt von
D r e s d e n 1727 und diejenige von M a g d e b u r g 1731;
die neue Auslage von A n s b a ch 1731; das holländiſche
Viertel in P o t s d a m ſeit 1737 von Joh. Bouman; C a r l s -
r u h e in Schleſien 1743 als ſternförmige Anlage; R h e i n s -
b e r g und Stadterweiterungen vorzüglich in Brandenburg und Ansbach-Bayreuth, beſonders B a y r e u t h ſelbſt;
in den ſechziger Jahren des Jahrhunderts endlich das
reizende L u d w i g s l u ſt in Mecklenburg (Abb. 133).

Die intereſſanteſte, wenn auch nicht die bedeutendſte
Anlage neben B e r l i n iſt E r l a n g e n, und auf dieſes mag
die künſtleriſche Analyſe beſchränkt ſein (Faltplan VII,
Abb. 39, 56, 57, 84 und 85). Das alte E r l a n g e n wurde
im Dreißigjährigen Krieg bis auf das leßte Haus zerſtört,
der neue Aufbau dieſer Altſtadt war armſelig genug.
Südlich an ſie anſchließend gründete Markgraf Chriſtian
Ernſt von Brandenburg-Bayreuth, nacheifernd ſeinem
Vetter und ehemaligen Vormund, dem Großen Kurfürſten,
1686 eine Neuſtadt, Chriſtian-Erlang. In dieſer ſiedelte er
die Refugiés an, wobei er Unterſtüßungen an Baumaterial
gewährte, einzelne Häuſer und ganze Straßenzüge auf
176

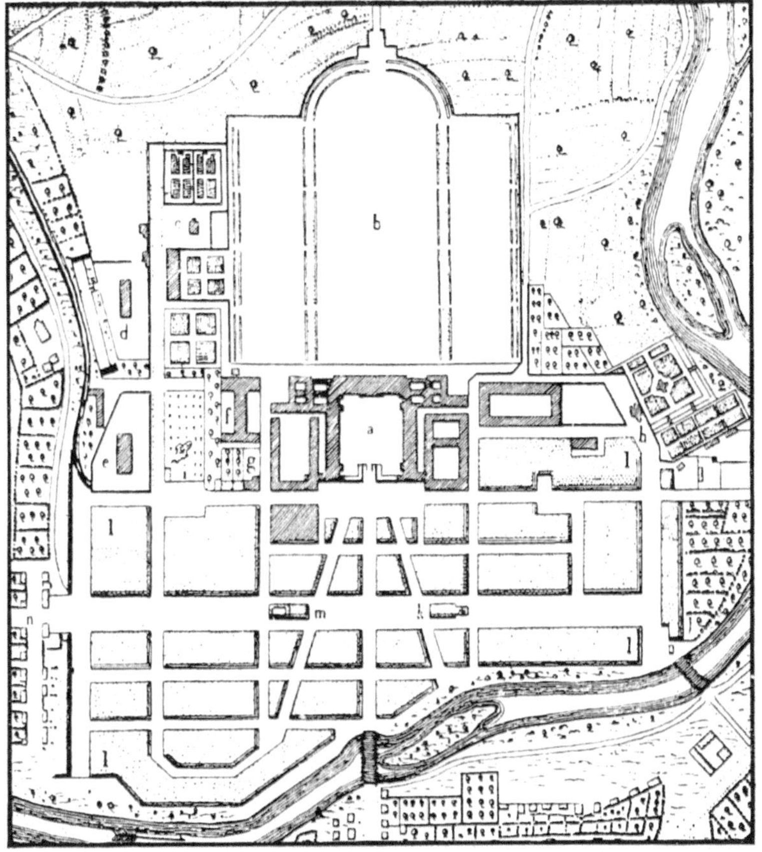

132. Raſtatt 1803

eigene Koſten baute und dieſe Häuſer um niedrigen Preis
verkaufte. Die Pläne der Anlage ſtammen von Johann
Moritz Richter aus Jena und ſeinen Söhnen, die Ober-
leitung lag in den Händen des Hofkammerrats Andreas
Möſch. An der Ausführung war ſpäter vielleicht Dieuſſart
aus Berlin beteiligt. 1706 brannte die von der Neuſtadt
durch Mauern und Tore getrennte Altſtadt zum zweiten-
mal bis auf wenige Häuſer nieder. Beim Wiederaufbau

177

wurde ihr Grundriß regelmäßig geſtaltet. Noch einige
Daten: franzöſiſch-reformierte Kirche 1693, Turmbau 1732,
Altſtädter Kirche an Stelle der alten Kirche Zu unſren
lieben Frauen 1709—21, Dreifaltigkeitskirche auf dem
Neuſtädter Kirchplatz 1724—37; Markgräfliches Schloß
1700—04, Neuſtädter Rathaus ſüdlich am Viktualien-
Markt, urſprünglich Wohnhaus des Amtshauptmanns
Hieronymus von Stuttersheim, 1728, endlich das Altſtädter Rathaus 1731 (Abb. 39). Über die Entwicklung
der Stadt hat ſeit dem Erſcheinen der erſten Auflage
dieſes Buchs Friedrich Schmidt eine liebevolle Studie
veröffentlicht.

Die Neuſtadt bildet ein Rechteck, zu deſſen Seiten die
Straßen parallel laufen, den gegen eine Längsſeite ver-
ſchobenen Schloßgarten umrahmend. Den Garten ſchließt
das Schloß mit ſeinen Nebenbauten gegen Weſten ab,
und auf dieſer Seite liegt das Schwergewicht der Anlage.
Ihr Rückgrat bildet die parallel zur Schloßflucht laufende
Hauptſtraße, deren Lage durch die etwas vortretenden
Richthäuſer (Abb. 56) fixiert wird. Sie durchſchneidet die
beiden Hauptplätze der Stadt, für Schloß und Kirche
einen Vorplatz ſchaffend, die andere Hälfte dem Markt-
handel reſervierend. Die übrigen Straßen ſtufen ſich in
ihrer Breite ab bis zu ſchmalen Gaſſen, die nicht für den
Durchgangsverkehr berechnet ſind. Die Aufteilung der
Blöcke, die zum Teil Gärten einſchließen, ſah, wie auch
in der Berliner Friedrichſtadt (Abb. 64), in Mannheim und anderen Neuanlagen verſchieden große Bauparzellen vor, und zwar ſo, daß an den Straßenecken
die größten, an den Nebenſtraßen die kleinſten lagen.
Mit einem doppelten Knick lenkt die Hauptſtraße in die
Altſtadt ein. Wo ſich der Altſtadtplatz auftut — eine
wichtige Stelle, wie das Gelenk zwiſchen zwei grad und
ſchön gewachſenen Gliedern — ſteht rechter Hand die
Kirche (Abb. 84). In leichter Senkung verläuft dann die
178

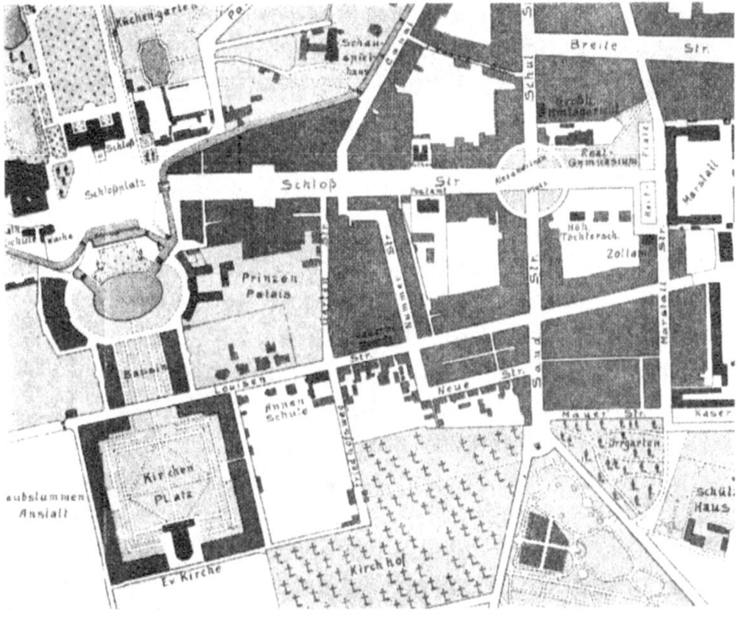

133. Ludwigsluſt

Hauptſtraße gegen das Tor. Ein Größenvergleich der bebauten Fläche ergibt, daß dies in ſich ſo reich gegliederte Gebilde der Neu- und Altſtadt mit rund 0,72 qkm nur die Hälfte der Maximilianſtadt von München, umgrenzt von der Karlſtraße, Ludwigſtraße, Adalbert- und Auguſtenſtraße, einnimmt, die vollkommen regelmäßig in rechtwinklig ſich kreuzende Straßenzüge aufgeteilt iſt. Welch Reichtum an architektoniſchen Situationen auf dem halben Raum gegenüber der Anlage des neunzehnten Jahrhunderts!

Das geſamte Stadtgebilde von Erlangen durchdringt Rhythmus in Quer- und Längsachſen. Der Schloßpark bildet den Kern, um den ſich die Teile gruppieren, die wiederum eigene Mittelpunkte durch Plätze und Bauten formieren, höhere künſtleriſche Ökonomie treibend als

179

die Stadt des Mittelalters. Die wenigen Monumentalbauten bilden die gutgenutzten Pointen in dem klaren
Stadtbild. Ein neues, ftolzes Körpergefühl, eine befonnene
Heiterkeit des Geiftes erfteht in folchen graden ficheren
Straßen. Das Auge gewinnt Licht und Perfpektiven,
deren Köftlichkeit erft der Großftadtmenfch ganz verfteht,
die Bruft atmet freier. In Ansbach beträgt in der Karlftraße, der Hauptftraße „der befonders fchönen und ganz
regulär gebauten neuen Auslage“, das Verhältnis von
Straßenbreite zu Faffadenhöhe 13:7,5 m, und dies Verhältnis findet fich annähernd auch in den anderen gleichzeitigen Stadtanlagen.

Die Teilfchönheiten der Straßen und Platzräume von
Erlangen fchließen fich zu einer Einheit zufammen, auf
dem Plan zu einer geordneten Figur, in der aufgebauten
Stadt zu einem rhythmifchen Ganzen. Einheit ift das
Formproblem aller Kunft und diefes Formproblem hat
auch eine Anlage wie Karlsruhe (Faltplan VIII) bewältigt.
Die übliche Erklärung diefer Plangeftaltung ift Willkür,
geometrifche Spielerei. Doch das willkürlich Erfcheinende
ftellt zu damaliger Zeit das Praktifche dar, die örtlichen
Verhältniffe beftimmen den Plan: in der Lichtung des
Hardtwaldes lag das Schloß, und nicht weit davon führte
die Straße vorüber, die in das Syftem einbezogen
werden mußte. Das Straßennetz greift vom Schloß aus
wie die Finger einer Hand nach diefer Hauptftraße. „Wie
hätte man eine äfthetifch beffere Wirkung erzielt? Daß
das Syftem in feiner Fortfetzung zum Widerfinn führte
— größere Ausdehnung verlangt andere Formelemente —,
war nicht die Schuld des Gründers. Die Beziehung des
Hofes zur Einwohnerfchaft fprach fich in ihm aus: Konzentration nach dem einem Punkte, der der Gründung
Zweck und Lebensfähigkeit gab; alle Wege, auch von
auswärts, ohne Umweg nach dem Schloffe führend und
dabei doch die wichtige Verkehrsftraße beibehaltend, fie

180

in günstiger Entfernung am Schloffe vorbeiführend" (Kurt Ehrenberg).

Bei einer äfthetischen Wertung des Aufbaues diefer Städte über fo geiftvollen Plänen bedenke man, wie gering die Mittel waren, die hierfür zur Verfügung ftanden. Und halte dagegen, welche außerordentlichen Summen bis zum Ausbruch des Krieges durch private Bautätigkeit in die Rechnung des Stadtbaus eingeftellt werden. Man wird finden, daß das Refultat — ob regelmäßige oder unregelmäßige Anlage — unendlich gefunken ift. Im achtzehnten Jahrhundert wird jeder Wirkungswert mit erftaunlicher Ökonomie ausgenutzt, die vorhergehenden Kapitel haben darauf aufmerkfam gemacht. Hält man diefen Kompofitionen vor, fie wiederholten zu gleichmäßig beftimmte Wirkungen, fo ift zu entgegnen, daß jede künftlerifche Kultur die Beherrfchung und völlig felbftverftändliche Verwertung einer Reihe von Formelementen vorausfetzt, und daß man fich Mühe geben follte, die feinen Nuancierungen zu erfaffen. Das vornehme Gefühl für Maß- und Zurückhaltung ift vielleicht unferer Zeit nicht recht verftändlich, die Effekt neben Effekt an den Straßenzeilen und Plätzen losbrennt und Reichtum von Motiven für Schönheit hält. Diefes Gefühl mutet fie auf den erften Blick als Nüchternheit an, bis man die feine Berechnung der architektonifchen Werte gegeneinander erkennt. Es hält fich fern von allem Formenfpiel, es bildet neutralen Grund, von dem fich die bedeutfamen Bauten einer Stadt abheben, und wendet dann feine ganze Kraft auf die Betonung diefer Bauten. Denn wie für das einzelne Haus, fo gilt auch für eine ganze Stadt die Forderung nach Konzentration des Schmuckes. Grade aber die Befcheidenheit der aufgewandten Mittel läßt uns die Hoffnung bewahren, daß ein neuerwachter künftlerifcher Wille auch aus der armen deutfchen Stadt der Zukunft ein Kunftwerk wird geftalten können.

Wir bemerkten, daß das einheitliche Gepräge einer
Stadt mehr auf der Einheit des Materials und der ihm
eigentümlichen Behandlungsart beruht, als auf ſtiliſtiſcher
Übereinſtimmung. Vielgeſtaltigkeit wird zuſammenge-
halten durch wirkſame Einheit im Material, das in ſeiner
lebendigen Farbe jede Unterbrechung doppelt fühlbar
werden läßt, eine Wirkung, die zum Guten und zum
Schlechten gewandt werden kann. Die Farbe des Materials,
ganz und gar nicht dem Begriff des Maleriſchen verbunden, hat im Stadtbau beſonderen Wert. Das Straßenbild von Landshut (Abb. 75) zeigt fröhliche Buntheit in
raſchem Wechſel und Durcheinander aller Farben — und
Farbe ſollten auch wir wieder als ſtadtbauliches Kom-
poſitionsmittel in neuer Weiſe behandeln lernen. Den Roh-
bau eines roten Backſteinhauſes aber in eine gleichmäßig
lichte Stadt mit übermörtelten Häuſern wie Erlangen
verſetzen, heißt dem Ganzen eine Beleidigung zufügen.
Es geſchah, als das Neuſtädter Rathaus 1885/86 einen
Anbau gegen die Hauptſtraße erhielt: neben dem alten
ziegelgedeckten Manſardenhaus mit verputzten Wand-
flächen, Sandſteinumrahmungen und Pilaſtern ein Back-
ſteinrohbau mit ſchiefergedecktem Dach, mit Geſims-
gliederungen, wie ſie ungefälliger kaum gedacht werden
konnten. Man hat den Fehler wieder gut gemacht. Ge-
legentlich einer Renovierung 1905 wurde der Backſtein-
bau gleich dem alten Rathaus verputzt, das Schieferdach
durch ein Ziegeldach erſetzt. Das Straßenbild gewann
durch dieſe entſchloſſene Tat außerordentlich, und man
wünſchte auch einige andere Backſteinbauten der achtziger
und neunziger Jahre verſchwinden zu sehen. Statt deſſen
ſcheint in Erlangen eine Strömung ſich geltend zu machen,
die in mißverſtehender Heimatpflege ältere Fachwerk-
bauten von dieſem Verputz befreien will und damit doch
nur die Harmonie des Stadtbildes ſprengen wird. Es
ſei erwähnt, daß Darmſtadt in ſeinem Ortsſtatut den

182

Paſſus enthält: „Unverputzte Backſteinbauten werden als
Störung des Straßenbildes angeſehen und demgemäß
nicht mehr zugelaſſen.“ In Dresden wurden auf Verordnung Auguſts des Starken die meiſten alten Häuſer
beſonders an Märkten und Hauptſtraßen neu abgeputzt,
„damit die Stadt auch äußerlich gleich eine gute Emp-
fehlung fürs Auge hätte“.

Die Stadtgründungen des achtzehnten Jahrhunderts
werden als „Fürſtenſtädte“, als „ſouveräne, willkürliche
Produkte“ mit einigen kühlen Worten oder gar mit einem
Tadel abgetan, den die Beſchränktheit ſtets zur Hand
hat, wenn ſie nicht zu verſtehen vermag. Zunächſt waren
es Architekten, die den Plan durcharbeiteten. Dieſe Stadt-
form entſprang dem Stilgefühl, wie es ſich in dem einzelnen
Baukörper ausdrückte, ſie bildete für die Einzelarchitektur
folgerichtig die höhere architektoniſche Einheit. Der einzelne Bauherr war meiſt in ſeinem Geſchmack wenig behindert, die architektoniſche Kultur, die die Zeit beſaß,
ließ ihn ſich einordnen. Nur von Vorteil war, daß die
Kräfte unter einem Oberwillen richtig genutzt werden
konnten. Schien dies einige Male hart, ſo iſt ſtrenge
Herrſchaft beſſer wie Anarchie. Das bauliche Verpflichtungsgefühl, das die Fürſten neben ihrem Baueifer beſaßen,
darf man nicht unterſchätzen. Suchte der Souverän durch
Baugnaden, Materiallieferungen, Privilegien, die oft die
Hälfte des ganzen Hauswertes ausmachten, die Bewohner
zum Bauen anzuſpornen — oft ohne Rückſicht auf Dauer-
haftigkeit der Bauten, unter häufiger Benutzung der Lehm-
bauweiſe und manchmal zum wirtſchaftlichen Schaden der
Bauenden —, ſo hielt ſich das Verpflichtungsgefühl auch
verantwortlich für das Ausſehen der Stadt. Appellationen
an den Fürſten waren nicht ſelten. Eine ſolche aus Berlin
vom 7. Dezember 1782 ſei hier mitgeteilt: „Ew. Königl.
Maj. mildthätige Gnade in Verſchönerung der hieſigen
Burgerhäuſer hat ſich bisher auf die Bewohner der

Friedrichs- und Neuſtadt erſtreckt. Wir Einwohner der
Königsſtadt werffen uns zu Ew. königl. Majeſtät Füſſen,
um uns die allerhöchſte Gnade zu erflehen, daß auch auf
unſere Häuſer nach dem Allerhöchſten Wohlgefallen Ew.
königl. Maj. reflection genommen werden möge. Unſere
Anfangs der Bernauer Straße belegenen Häuſer ſtoßen
grade auf der neuen Königsbrücke (Abb. 55) und ihre
Verſchönerung würde einen trefflichen Proſpekt von der-
ſelben und der Kolonade aus machen. Die wir in tiefſter
Submiſſion erſterben Ew. Königl. Majeſtät uſw. uſw."
An Unverſchämten fehlte es nicht. So ſchwindelte ſich der
Lakai Haupt ein großes Haus Franzöſiſche Straße 5/6 zuſammen, das den von Unger 1792 geplanten Bau noch
um ein Geſchoß übertraf und ſuchte ſogar „durch akten-
widriges, gegen ſeine Überzeugung laufendes und un-
anſtändiges Vorgehen einen Vorteil in barem Gelde zu
erpreſſen". Der zeitweilige Phyſiklehrer der Prinzen,
Gerhard, wünſchte als Extrabelohnung für ſeinen Bau
ein verkäufliches Apothekenprivileg, ein Gratialgut in
einer der neuen Provinzen oder ein Immediathaus. Ein
Hausbau kann ſich nicht beſſer bezahlt machen!

Die Leiſtungen hielten den Forderungen meiſt die Wage.
Mit Recht konnte Auguſt der Starke von ſich ſagen, „er
habe D r e s d e n klein und hölzern gefunden, werde es
aber groß, ſteinern und prächtig hinterlaſſen". Eine Kon-
trolle des Künſtleriſchen von dieſer Seite war durchaus
gerechtfertigt. Am 31. Auguſt 1787 ſchrieb das Oberhof-
bauamtsdirektorium vor: „Auf ausdrücklichen Immediat-
befehl Seiner Königlichen Majeſtät wird denjenigen Ein-
wohnern zu B e r l i n und P o t s d a m, welchen auf königliche
Koſten Häuſer erbaut worden ſind, hierdurch bekannt
gemacht, daß ſie keineswegs die Freiheit haben, an der
Faſſade ſontaner Häuſer Veränderungen nach ihrem Gut-
befinden vorzunehmen. Es bleibt ihnen daher allen
Ernſtes unterſagt, weder die Attiken, Vaſen, Statuen

184

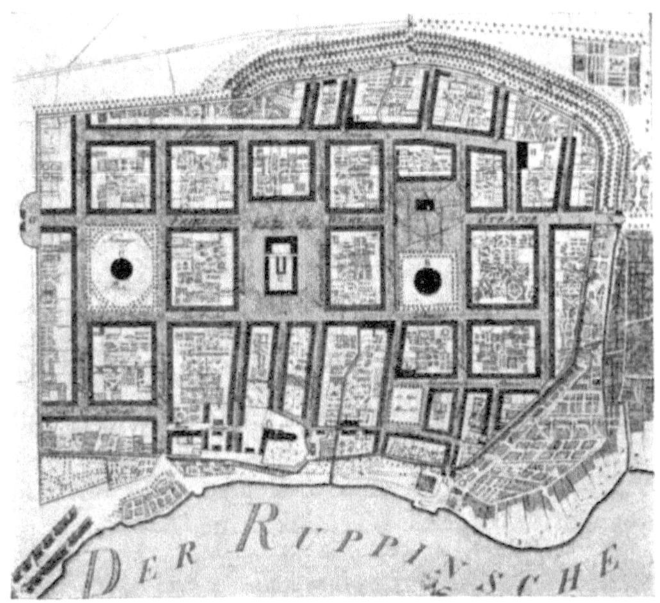

134. Neuruppin — Umbau nach dem Brand 1787

Gruppen oder andere Verzierungen davon wegzunehmen
oder zu verändern, wie [ich einige bereits erdrei[tet
haben, [ondern alles in dem Zu[tande zu la[[en und zu
erhalten, wie ihnen [olches übergeben i[t. Und wollen
Seine Königliche Maje[tät ferner, daß, wenn an einem
[olchen Ornament etwas [chadhaft geworden i[t, die un-
bemittelten Eigentümer die[es [ogleich dem Oberhof-
bauamte anzuzeigen haben, welches Sorge tragen wird,
daß die Reparaturen ohne An[tand auf Königliche Ko[ten
ge[chehen [ollen."

Mit Neuruppin, im Jahre 1787 niedergebrannt und
nach den Plänen von Bra[ch unter ein[chneidender Um-
ge[taltung wieder aufgebaut, nähern wir uns dem kla[[i-
zi[ti[chen Stadtbau (Abb. 134). Auch hier [ind die näheren
Um[tände recht intere[[ant und [o gebe ich einige Notizen
aus Akten der Zeit, deren Durcharbeitung mir in freund-

185

licher Weife ermöglicht wurde. Daß man auf die Hilfe
des Landesvaters rechnen könne, fchien felbjtverftändlich,
manche mochten hierin fogar eine große Rechnung auf-
machen und in dem Brand nur eine Befchleunigung des
Retabliffements ihres vorher wenig anfehnlichen Haufes
fehen. Schon eine Woche nach dem Brande hat der
Magiftrat der Stadt die Zuficherung, „daß die Majeftät
alles tun würde, was zur baldigen Wiederherftellung der
Stadt nur irgend gereichen würde". Der Magiftrat folle
bei alledem „den dortigen verunglückten Untertanen zugleich gehörig zu erkennen zu geben, daß fie dadurch nicht
bewogen werden dürften, ihre Hände bloß in den Schoß
zu legen, fondern foviel in ihren Kräften ftehet, zu ihrem
Retabliffement mitzuwürken, wie denn diejenigen, die fich
dabei durch befondere Thätigkeit und Eifer auszeichnen
werden, vorzüglich unterftüzzet und mehrerer Beihülfe
als die faulen und nachläffigen fich zu erfreuen haben
follen". — Das ift recht beherzigenswert. Auf Bitte von
Brafch wurden zwei Blätter geftochen; das eine zeigt den
Stadtgrundriß vor dem Brande, das andre (Abb. 134,
Ausfchnitt) den ausgeführten Entwurf Brafchs. Ein Pro-
memoria vom April 1789 läßt erkennen, wie man fich
um die Wirkung des einzelnen Haufes an der Straße
kümmert. Folgende Vorfchriften werden gemacht: „Sämtliche Faffaden müffen geputzt werden. Häufer, die befonders dekorativ ausgezeichnet werden follen, müffen
zur Genehmigung in fo großem Maßftab gezeichnet werden,
daß man danach fich ein Urteil über ihre Wirkung bilden
kann. Die Farben des Verputzes müffen genau angegeben
werden." In letztem Punkt wird man noch energifcher.
In einer Inftruktion vom Juni 1790 für den Königlichen
Bauoffizianten heißt es: „Die Farben, welche die Fronten
erhalten follen, wird der p. Berfon bei jedem Gebäude
felbft beftimmen . . . Was aber die Anfertigung der
Faffaden, Detail und Chabelonen betrifft, fo bleibt deren
186

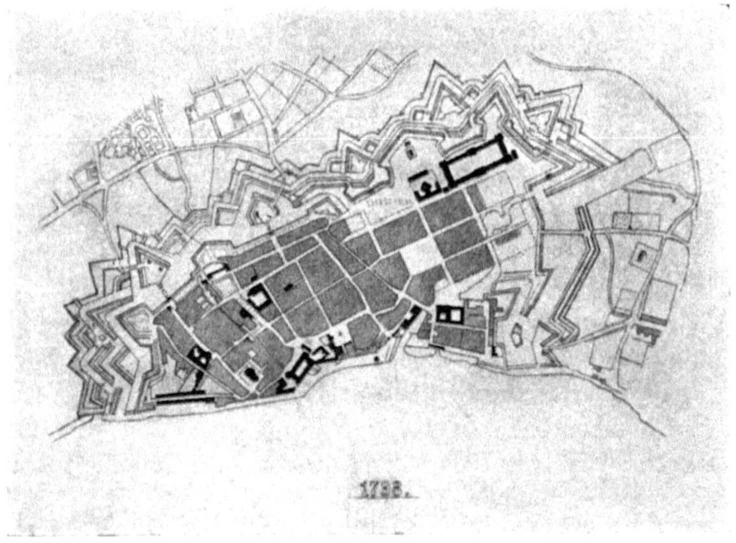

135. Düffeldorf

Anfertigung dem p. Berfon überlaffen und ift kein Bau-
intereffent befugt, fich durch jemand anders dergleichen
anfertigen zu laffen.“

Soweit ging die Fürforge für das Bauen. Die Steinfche
Stadtordnung von 1808 gab dann alle Macht den Städten
und damit nicht nur ungeübten Händen, fondern auch
eigenfüchtigen, zum Teil gleichgültigen und ziellofen Köpfen.

Zu Beginn des neuen Jahrhunderts macht fich eine
Erftarrung in der Stadtbaukompofition bemerkbar, die
allmählich zum Schema führt. Die Straßen werden untereinander gleich breit, die Blöcke gleichen einander in ihren
Ausmeffungen. Das letzte, mit Vorliebe noch aufgenommene
künftlerifche Motiv ift der Paradeplatz, die von Vauban
erfundene französifche Place d'armes, in der Mitte der
Neuanlagen. Einen folchen erhielt die Erweiterung von
Pofen, die auf Gilly zurückgeht, erhielt Düffeldorf mit
dem heutigen Karlsplatz (Abb. 135). Beide Erweiterungen

187

ſchließen ſich noch geſchickt an das Vorhandene an. Joh. Peter Willebrand ſpricht in ſeinem Grundriß einer ſchönen Stadt, Hamburg und Leipzig 1775/76, von der Wirkung: „Dieſer Platz, wenn er ins Gevierte angelegt, mit Bäumen oder Arkaden umgeben iſt, hilft die Schönheit der Stadt ſichtbar vermehren. Man kann ſich keine ſchönere Plätze zur Parade und zu andern nothwendigen Verſammlungen vorſtellen, als den vierecketen Platz vor dem Schloſſe in B r a u n ſ ch w e i g, und als den vortrefflichen Dom-Platz in M a g d e b u r g (1722 von Leopold von Deſſau angelegt), und den Stadtmarkt in G r o n i n g e n (in Holland, mit ſeinem monumentalen klaſſiziſtiſchen Rathaus).“

Die Erweiterung von L i m b u r g an der Lahn (Abb. 115), die Neuſtadt von D a r m ſ t a d t (Abb. 117), angelegt unter Großherzog Ludwig, die Erweiterungen S t u t t g a r t s unter König Wilhelm und M ü n ch e n s unter Maximilian Joſeph und Ludwig I. (Abb. 136) können als Ausgang der Kunſt im Stadtbau und als Beginn des abſtrakten Planmachens gelten. Den Verfall beſchleunigte die hiſtoriſierende Stilarchitektur, die den Bruch mit der Tradition vollzog und perſönlicher Willkür dienſtbar wurde, Dieſe Willkür unterſtützte der wirtſchaftliche Aufſchwung Deutſchlands, der nicht nur die Bürgerſchaft, der auch die Erſcheinung der Stadt auseinanderriß. Der Reichgewordene wollte in ſeinem Heim ſeine Individualität und neue Freiheit zeigen, keinem lag etwas daran, wie der Nachbar zu ſein. Den Ausdruck dafür hatten Faſſade und Dach aufzubringen. Dazu kam das Vorherrſchen des Mietshauſes, das im raſchen Wachstum der Städte und bei der größeren Beweglichkeit ihrer Bewohner die übliche Form des Wohnens wurde. Für dieſes Haus änderte ſich zunächſt die Innendispoſition, dann, dem]Zuge zum Individualiſieren folgend, die Faſſade, die bald noch die Tendenz der Vermietungsreklame annahm. Statt eines Stadtorganismus liegen Trümmer vor uns, die nie Zuſammenhang haben können,

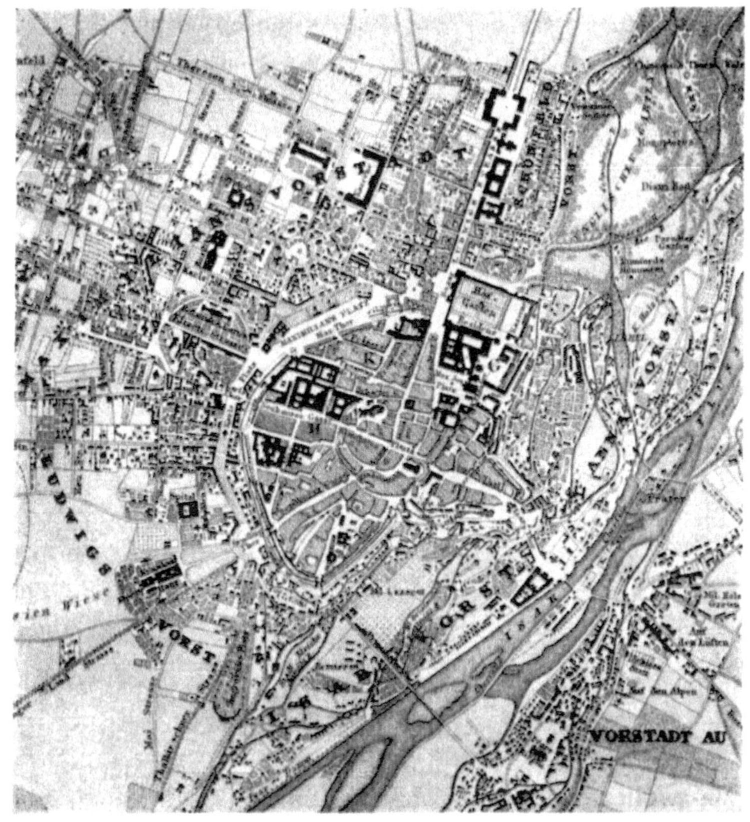

136. München unter Ludwig I.

da sie als beziehungslose Teile entstanden sind. Und alles dies wird schematisch hineingedrückt in eine geordnete Planform, die höchste Unterordnung unter den Sinn des Ganzen verlangt. Die Diskrepanz zwischen Form und Formteilen ist so ungeheuerlich, daß man darauf kommen mußte, für diese historisierende Architektur nun auch historisierende Planformen zu verwenden, zumindest „Motive" aus ihnen zu entnehmen. Der Einfluß des Wiener Architekten Camillo Sitte hat verhängnisvoll zur Rechtfertigung solchen Tuns gewirkt.

Daß wir von der deutſchen Stadtbaukunſt der Vergangenheit lernen können, werden nur ganz unbekümmerte Architekten leugnen. Über das Wie iſt in dem einleitenden Kapitel geſprochen worden. Der rezeptive Geſichtspunkt hat für den ſchaffenden Architekten keine Bedeutung, es kommt darauf an, den Zuſammenhang von Urſache und Wirkung in der Erſcheinung zu verſtehen. Der zeitliche Ausdruck verändert ſich, Formgeſetze bleiben beſtehen. Man muß ſie beachten und wird doch neue Formen der Schönheit finden, und je eher, um ſo weniger man am ſpeziellen Ausdruck, am Motiv hängt. Nach Vernichtung der Tradition iſt die Stadtbaukunſt nicht aus früheren Epochen zuſammenzuleſen, ſie muß entwickelt werden aus dem uns eigenen Hausbau. Es mehren ſich die Anzeichen für ein ſchlichteres Auftreten auch der privaten Architektur an der Straße, die erdrückenden wirtſchaftlichen Verhältniſſe geben ihnen innere Begründung, und man wird in gar nicht langer Zeit mit den fruchtloſen, künſtleriſche Kraft und Geldmittel vergeudenden Verſuchen brechen, für das Mietshaus die Bedeutung eines Perſönlichen zu erſtreben. Es wird wieder nur Teil einer zuſammenhängenden Wand ſein wollen und aus ſolcher Fläche mit geringen Anſtrengungen ſeinen Reiz ziehen. Bezeichnend iſt die erneute Vorliebe für die Ausdrucksweiſe jener Zeit, in der das Gefühl für architektoniſche Strenge und für Rhythmus ſeine Abklärung fand: die Baukunſt des achtzehnten Jahrhunderts. Ihr wendet ſich die neuerwachte architektoniſche Sehnſucht unſerer Zeit zu, ihrem Geiſt, nicht ihrem Detail. Die ſtreng rhythmiſche Geſtaltung iſt es, die anzieht, nicht der Pilaſter. Und dieſes neue Gefühl für Rhythmus wird über das Gebäude hinaus vorſchreiten und die Straße, den Platz, die ganze Stadtanlage durchformen. Städte wie Erlangen, Potsdam wird es mit friſchen, bewundernden Augen anſehen und lieben. Nicht

190

weil es in ihnen eine Vollendung erkennt, fondern weil
fie eine Ausficht auf ungehobene Möglichkeiten weifen,
Möglichkeiten, die in der Richtungslinie der deutfchen
Stadtbaukunft lagen, die aber verfchüttet wurden. Alle
künftlich irregulären Formen — abgefehen alfo von denen,
die die Natur erzwingt — werden als letzter Tribut an
die hiftorifierende Architektur betrachtet werden, den die
Entwicklung forderte.

Die Gefinnung des achtzehnten Jahrhunderts wird uns
mit neuem Mut erfüllen, das Verantwortungsgefühl er-
wecken. Das Gemeinwefen ift es heute, welches die Rolle
der Städte gründenden Fürften jener Zeit zu übernehmen
hat, indem es Bodenpolitik treibt und durch Anordnungen,
frei zur Verfügung geftellte Entwürfe und Modelle, durch
Bauten und Bauprämien für hervorragende Leiftungen
im Wohn- und Gefchäftshausbau die gefamte Bautätigkeit der Stadt beherrfcht.

Das aber ift das letzte: unfere Städte werden
nur dann eine architektonifche Kultur ausdrücken, wenn fie aus fich heraus an fich
arbeiten und jeder Bürger in ihnen fein
Heim erkennend auch verantwortlich
für ihre Erfcheinung fich fühlt.

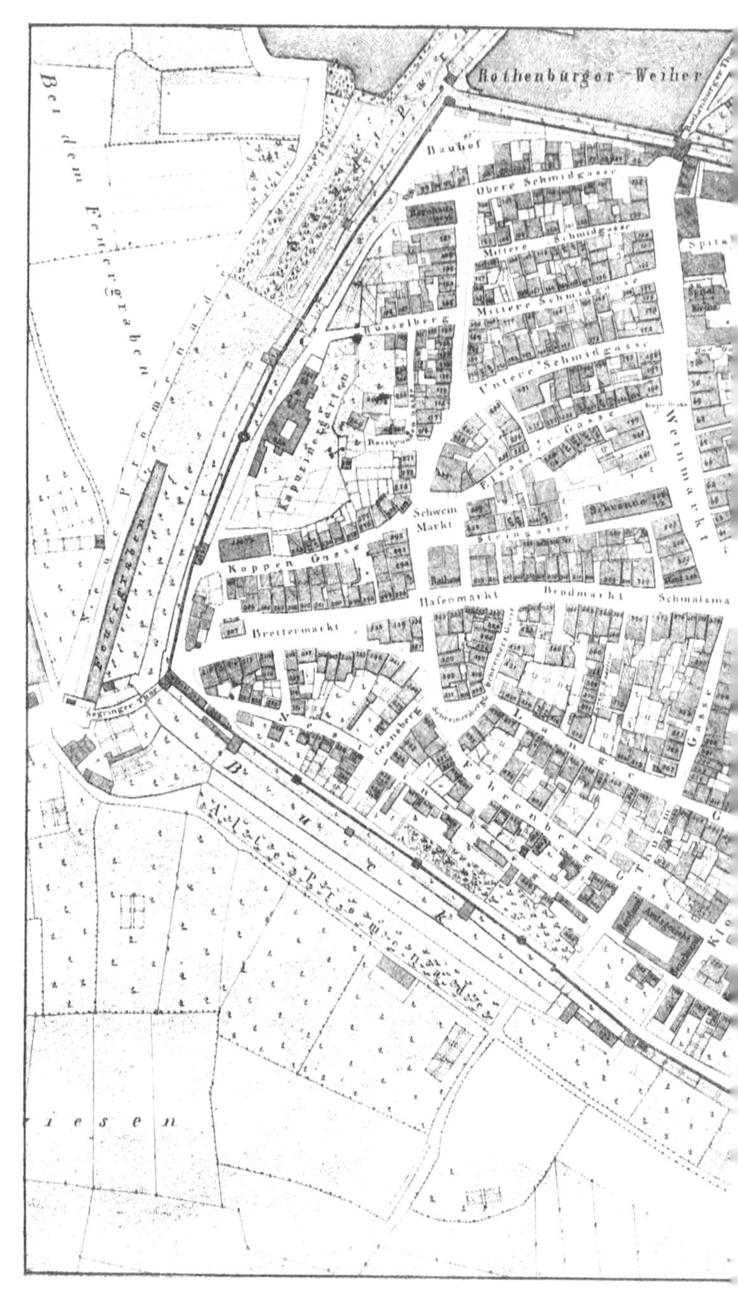

192   L. DINKELSBÜHL 1898

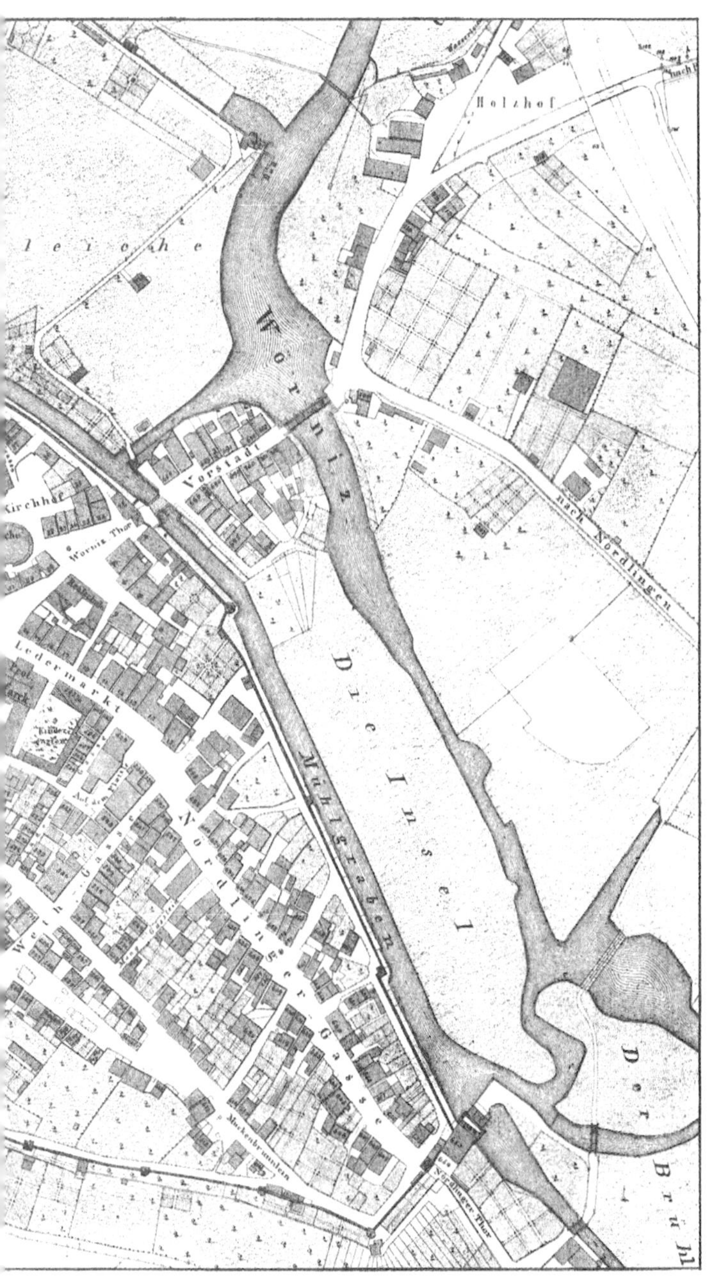

Holzhof
nach Nördlingen
Wörniz
Vorstadt
Kirchhof
Wornir Thor
Ledermarkt
Nördlinger Gasse
Mühlgraben
Die Insel
Der
Bru hl

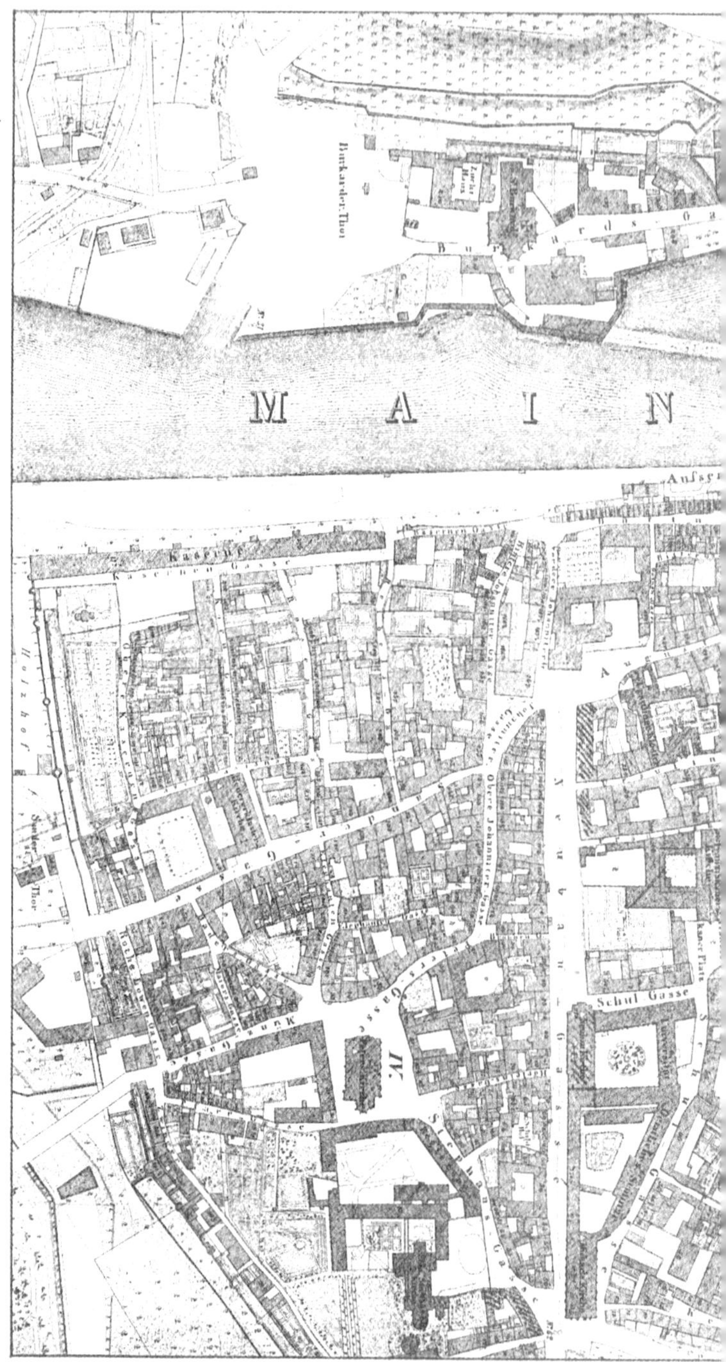
Burkarder-Thor
Zehnt Haus
Burkhards
M A I N
Anlage
Kaserne-Gasse
Holzhof
Sander-Thor
Obere Johanniter-Gasse
Schul-Gasse
Kaser-Platz
IV.

Schwanenthor.
Außerhalb dem Mühlthor
Kaiser Gasse
Körner Gasse
Holz Gasse
Karmeliten-Gasse
Hucker Main G.
Böck Gasse
Polizei
Markt-Platz
Dom-Gasse
Kürschnerhof
Brüderhof
Domkirche
Holzstrasse
Dominikaner Gasse
Spiegel Gasse

195

PLAN
der
Haupt und Residenzstadt
München
1806

ERKLAERUNG
I. BENENNUNG
der
VIERTEL.
G GRAGGENAUER VIERTEL
K KREUTZ VIERTEL
A ANGER VIERTEL
H HACKEN VIERTEL

II. BENENNUNG
der
KIRCHEN &c.

I. IM GRAGGENAUER VIERTEL
A Altenhof Kirche
B Hof Capelle
C Evangelisches Hof Bethaus

II. IM KREUTZ VIERTEL
D Frauen Kirche
E Hof Kirche
F Malteser Kirche
G Congregations Kirche
H Schul Kirche
I Burgersaal
K Herzog Max Capelle
L St Salvators Kirche

III. IM ANGER VIERTEL
M St Peters Kirche
N St Sebastians Kirche
O Heilgeist Kirche
P Anger Kirche
Q Kleine St Sebastians Kirche

IV. IM HACKEN VIERTEL
R St Anna Kirche
S Kreutz Kirche
T St Johannes Kirche
U Seminarium Kirche
V Joseph Spital Kirche
W Herzog Spital Kirche

III. BEZEICHNUNG
der übrigen
GEGENSTAENDE
Oeffentliche
Privat } Gebäude
Hölzerne
Brunnen mit laufendem Wasser
Pumpbrunnen
Steinerne } Pfeiler vor den Häusern
Hölzerne

HERZOG MAX BURG
Joseph Thor
PRANNERS G.
Plandhaus Gasse
PROMENADE
SEMINARIUM
Schul Gasse
Carmeliten Gasse
am Augustinerstock
AUGUSTINER GEBAEUDE
NEUHAUSER GASSE
Weite Gasse
Herzog Spital Gasse
Eisenmann Gasse
St Anna Gasse
am Kindl markt
KAUFINGER
Joseph Spital Gasse
Brunn Gasse
Kreutz Gasse
SENDLINGER GASSE
ANGER PLATZ
Oberanger Gasse
Unteranger Gasse
NEUBAU
Angerbach
Müll Gasse
Anger Thor

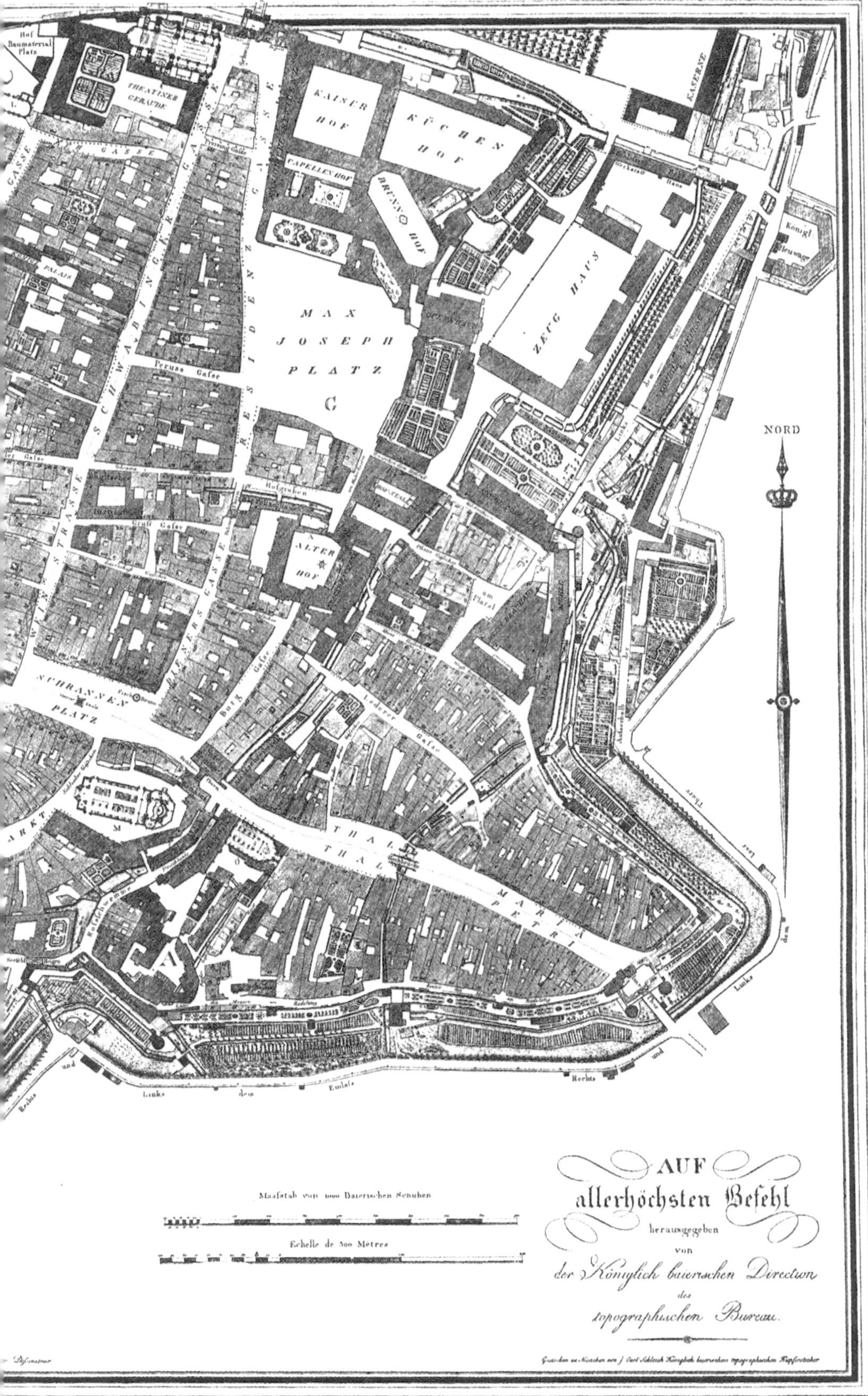

NORD
Hof Baumaterial Platz
THEATINER GEBÄUDE
KAISER HOF
KÜCHEN HOF
CAPELLEN HOF
BRUNN HOF
KASERNE
MAX JOSEPH PLATZ
G
ZEUG HAUS
Königl Hof Bauwerkstatt Haus
Königl Bräuwage
SCHWABINGER GASSE
RESIDENZ GASSE
Peruss Gasse
Hofgraben
ALTER HOF
am Platzl
WEIN STRASSE
BREIER'S GASSE
burg Gasse
Lederer Gasse
SCHRANNEN PLATZ
MARKT
THAL
THAL
MARIA PETRIA
Rechts
Links
Links
dem
Einlass
Rechts
und
Maasstab von 1000 Baierischen Schuhen
Echelle de 300 Mètres

AUF
allerhöchsten Befehl
herausgegeben
von
der Königlich baierschen Direction
des
topographischen Bureau.
Gestochen zu München von J. Carl Schleich Königlich baierschen topographischen Kupferstecher

IV. ROTHENBURG OB DER TAUBER 1908

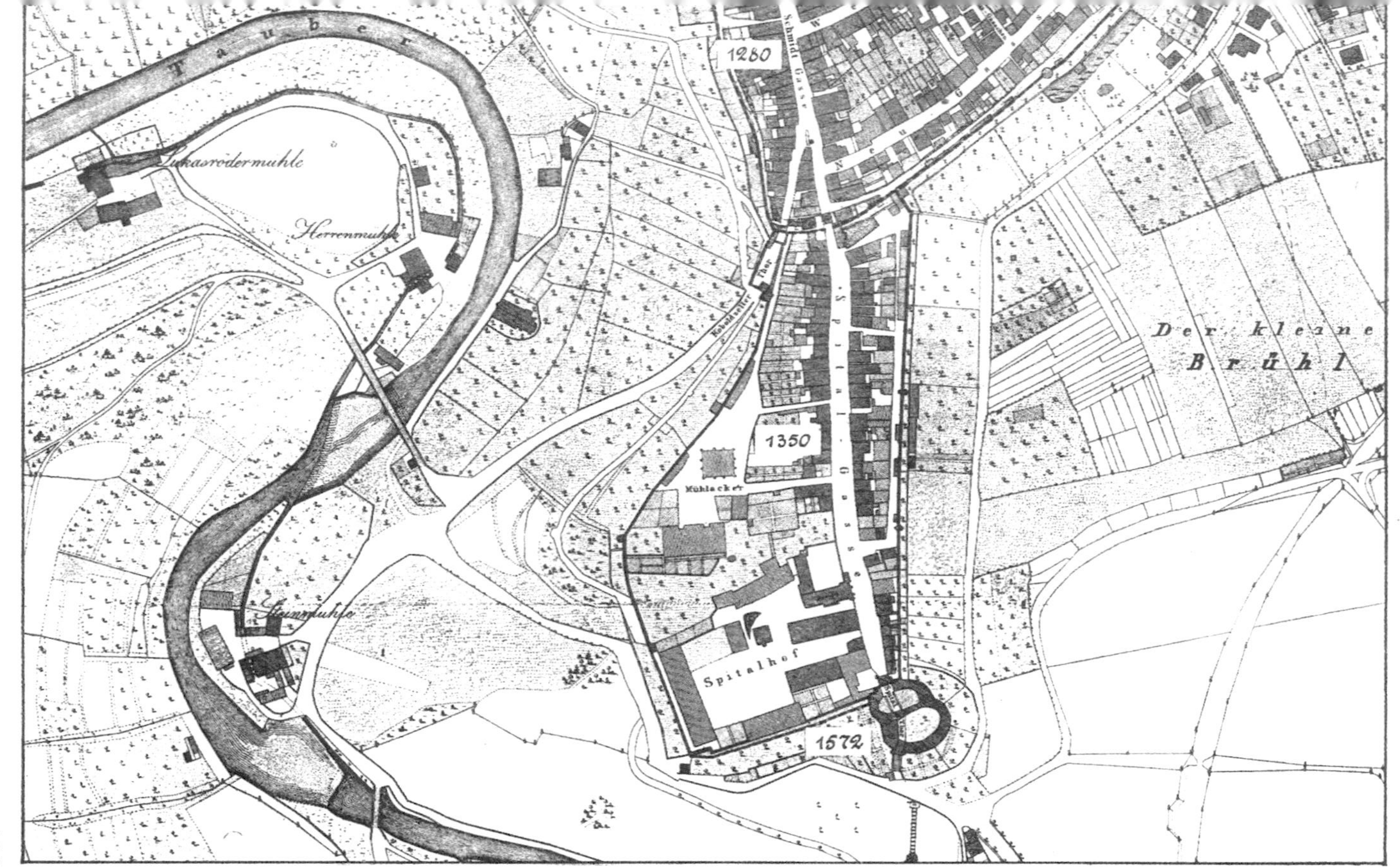

Tauber
Lukasrodermuhle
Herrenmuhle
Steinmühle
Schmidt Gasse
Spital-Gasse
Mühlacker
Spitalhof
Der kleine Brühl
1280
1350
1572
199

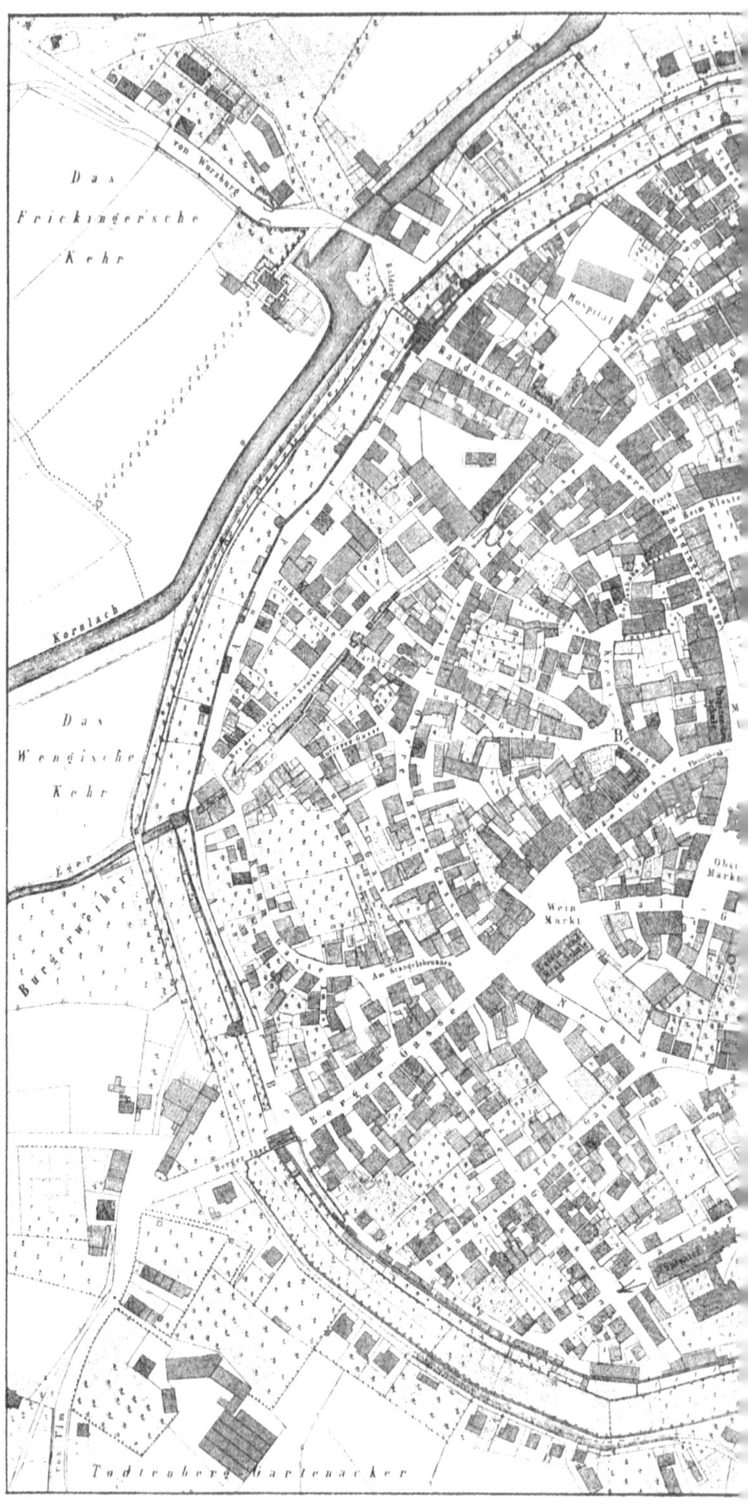

Das
Frickinger'sche
Kehr
von Würzburg
Hospital
Baldinger Gasse
Kornlach
Das
Wengische
Kehr
Eger
Bürgerweiher
Am Brandelsbrunnen
Wein Markt
Obst Markt
Todtenberg Gartenacker

Löpsinger Thor
Gartenäcker
zwischen dem
Deininger und
Löpsinger Thor
Deininger Thor
Platz
Löpsinger
Schranne Platz
D
Deininger-Gasse
Ruben Markt
Schaflert Markt
Bretter Markt
A
Reimlinger-Gasse
Reimlinger Thor
Alte Baste
Ziegelstadel

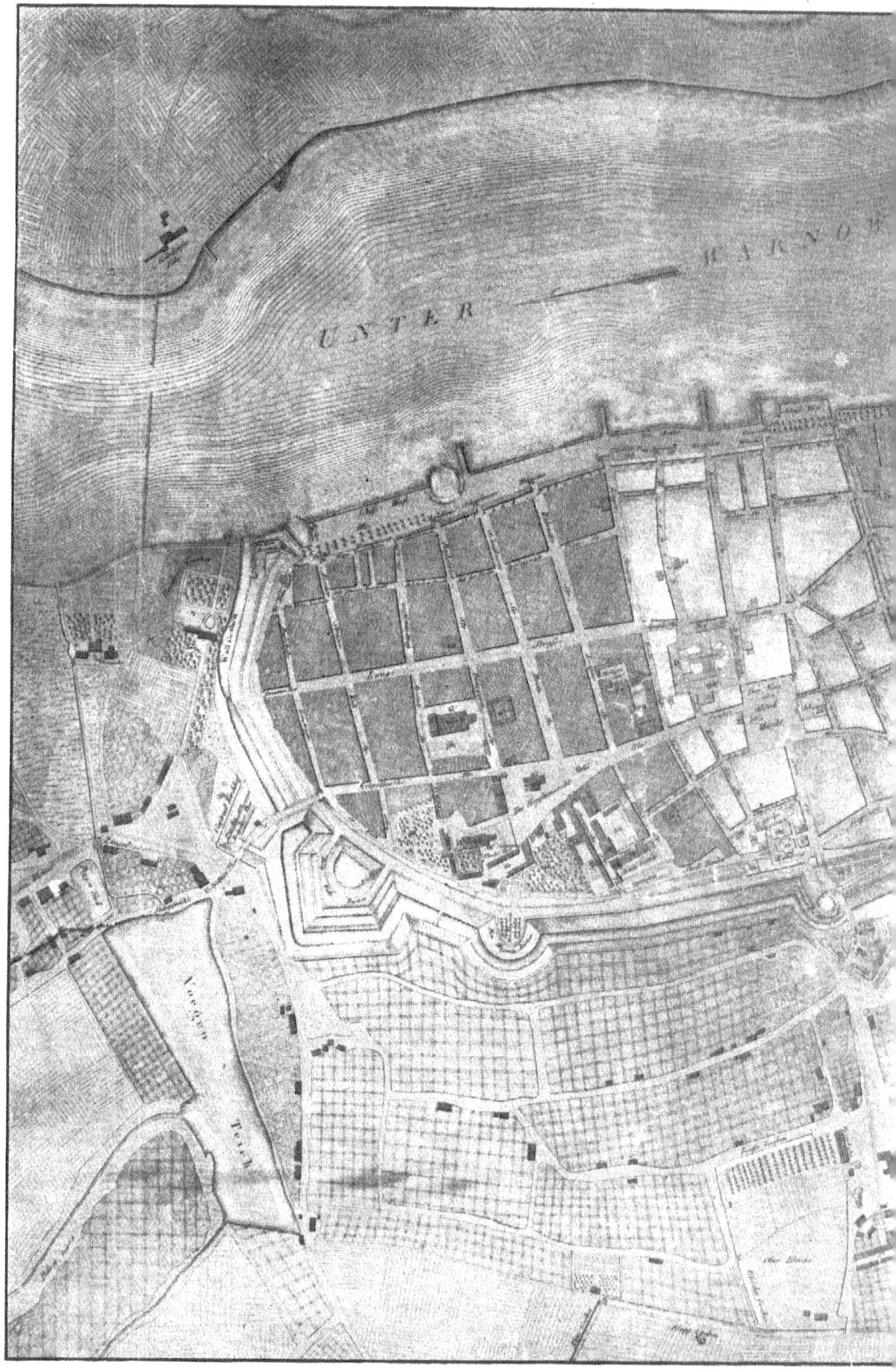

VI. ROSTOCK 1814

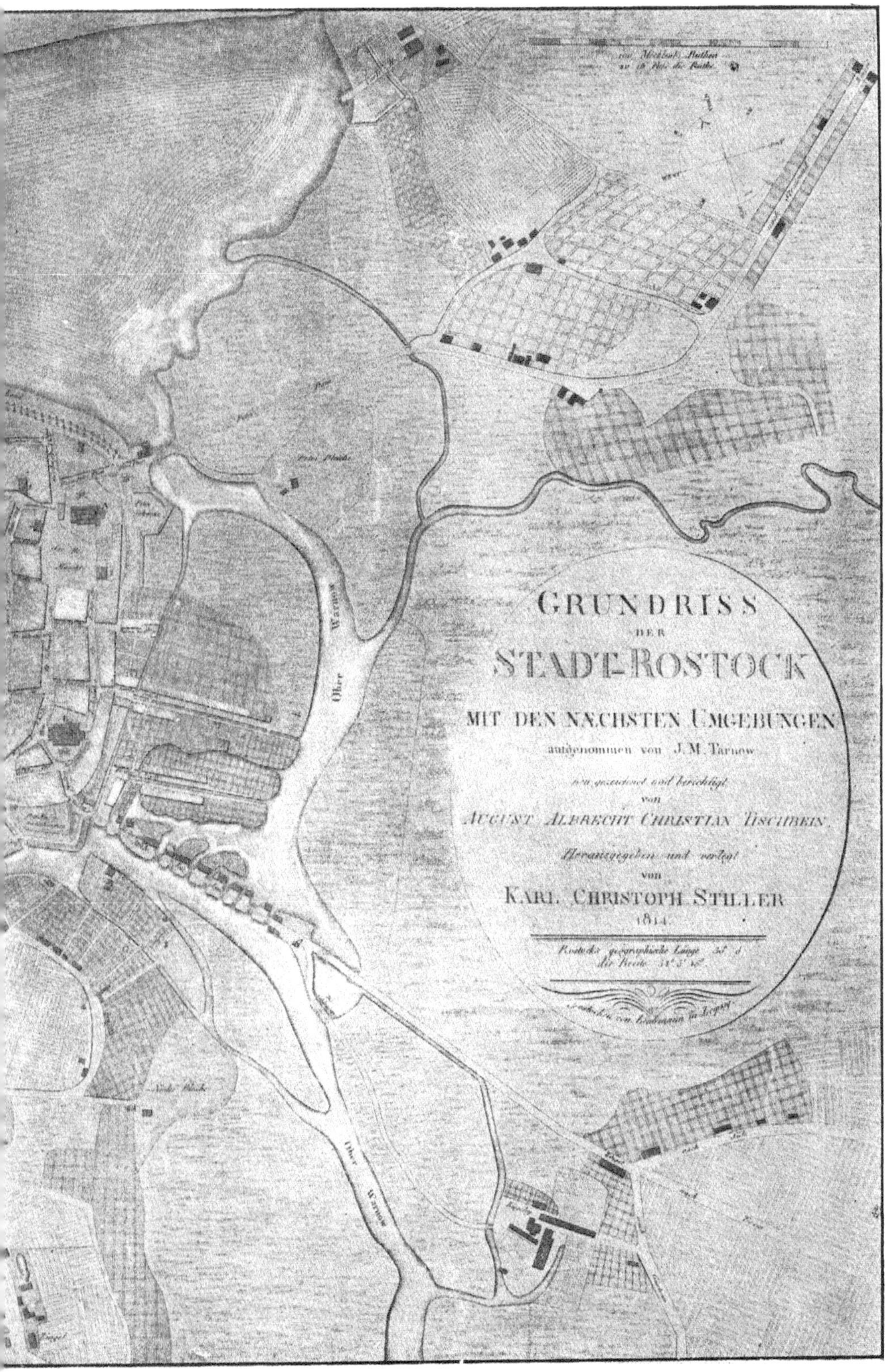

GRUNDRISS
DER
STADT-ROSTOCK
MIT DEN NÆCHSTEN UMGEBUNGEN
aufgenommen von J.M.Tarnow
neu gezeichnet und berichtigt
von
AUGUST ALBRECHT CHRISTIAN TISCHBEIN
Herausgegeben und verlegt
von
KARL CHRISTOPH STILLER
1814

VII. ERLANGEN 1906

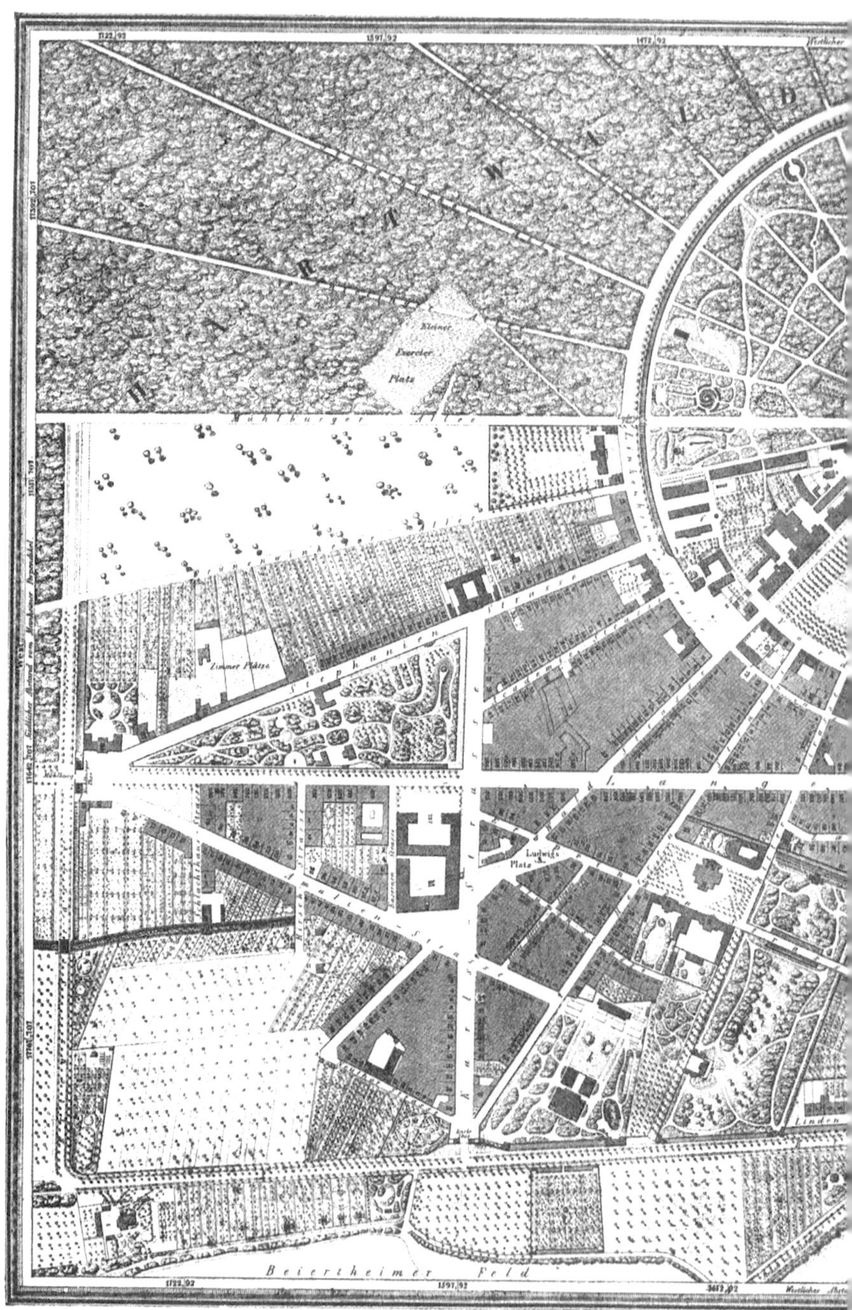

Kleiner
Exercier
Platz
Stephanien Strasse
Zimmer Plätze
Ludwigs
Platz
Beiertheimer Feld

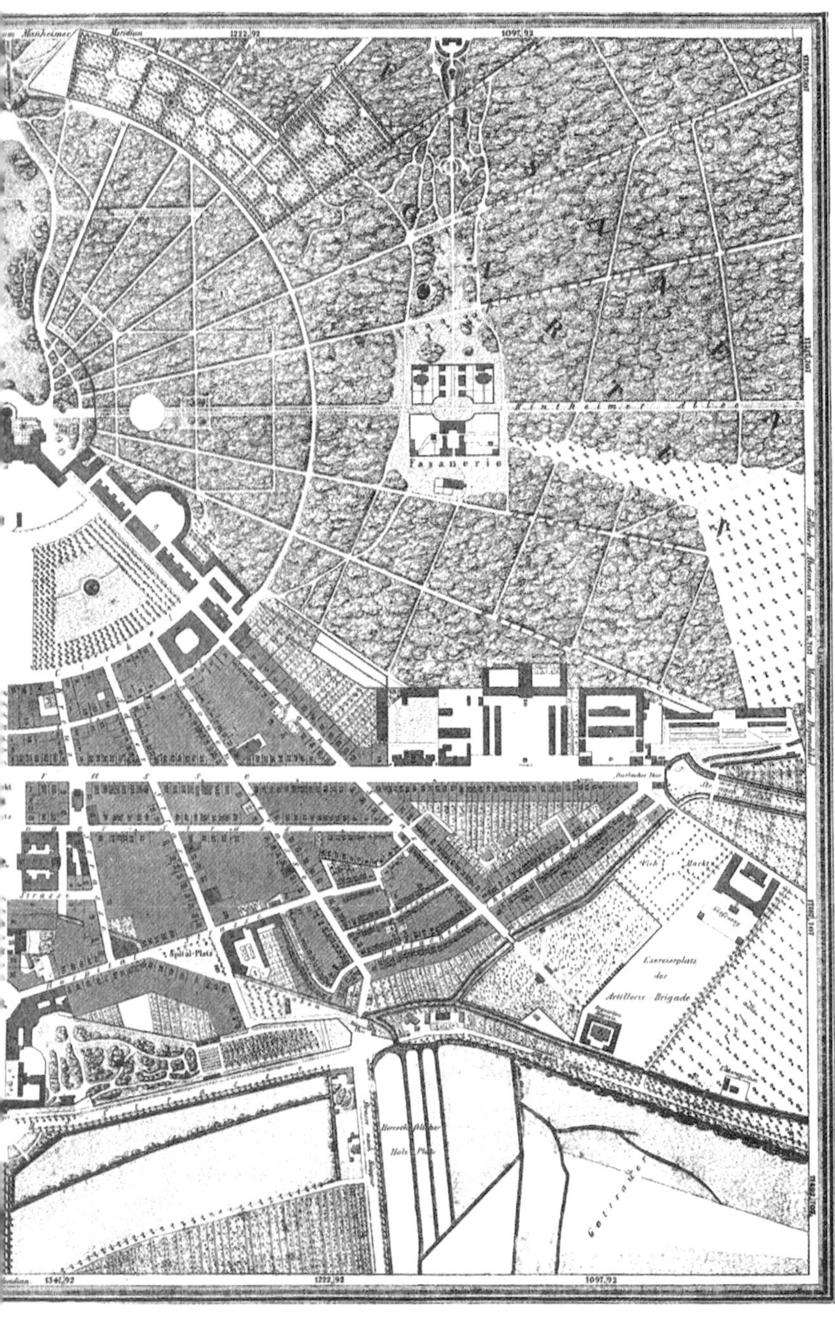

Inhaltsverzeichnis